FORSCHUNGSERGEBNISSE
DES VERKEHRSWISSENSCHAFTLICHEN INSTITUTS FÜR LUFTFAHRT
AN DER TECHNISCHEN HOCHSCHULE STUTTGART
HERAUSGEGEBEN VON PROF. DR.-ING. CARL PIRATH
HEFT 5

DIE HOCHSTRASSEN DES WELTLUFTVERKEHRS

VON

PROF. DR.-ING. CARL PIRATH

MIT 5 ABBILDUNGEN IM TEXT

Springer-Verlag Berlin Heidelberg

ISBN 978-3-540-01161-3   ISBN 978-3-642-94540-3 (eBook)
DOI 10.1007/978-3-642-94540-3

Softcover reprint of the hardcover 1st edition 1932

ALLE RECHTE,
EINSCHLIESSLICH DES ÜBERSETZUNGSRECHTES,
VORBEHALTEN.
COPYRIGHT 1932 Springer-Verlag Berlin Heidelberg

Ursprünglich erschienin bei R. OLDENBOURG 1932
MÜNCHEN UND BERLIN

Vorwort.

Es war ursprünglich beabsichtigt, im Heft 5 der „Forschungsergebnisse" Stellung zu nehmen zu den Methoden und Mitteln der Flugsicherung in Europa und in den Vereinigten Staaten von Amerika, um ihre Verschiedenheiten und die Möglichkeiten einer gegenseitigen Befruchtung kritisch zu beleuchten. Wichtige Neuerungen auf diesem Gebiet ließen es ratsam erscheinen, ihre Erprobung, die im Gange ist, abzuwarten, um sie in den Kreis der Untersuchungen einzubeziehen.

Das vorliegende Heft 5 befaßt sich daher mit einem anderen wichtigen Gegenwartsproblem im Weltluftverkehr, das sich aus den Fortschritten im transkontinentalen und transozeanen Luftverkehr der letzten Jahre ergeben hat. Die planmäßigen Flüge auf den transkontinentalen Strecken Europa—Indien und in den Vereinigten Staaten von Amerika sowie vor allem auch der planmäßige Luftschiffverkehr Europa—Südamerika veranlaßten mich, die betriebs- und verkehrswirtschaftlichen Grundlagen sowie die voraussichtliche Wirtschaftlichkeit auf den großen Weltluftverkehrslinien oder den Hochstraßen des Weltluftverkehrs zu untersuchen. Eine derartige Untersuchung kann sich heute schon weitgehend auf die praktischen Erfahrungen des bisherigen Luftverkehrs stützen und damit wegweisend für den weiteren Ausbau des Weltluftverkehrsnetzes werden. Es zeigte sich bei der Durchführung der Untersuchungen besonders, wie wichtig die ständige verkehrswissenschaftliche Beobachtung der Entwicklungserscheinungen im Luftverkehr ist. Damit wird eine Zusammenarbeit zwischen Praxis und Wissenschaft ermöglicht, die in erster Linie der Nutzanwendung des Luftfahrzeuges im Verkehr die Wege ebnen und der Allgemeinheit Klarheit über das Hoffen und Sorgen im Luftverkehr sowie über die positive Seite der Entwicklung geben kann.

Es ist mir ein besonderes Bedürfnis, an dieser Stelle Dank zu sagen der Luftverkehrsabteilung Junkers, Dessau, den amtlichen und privaten amerikanischen Luftverkehrsstellen und der Koninklijke Luchtvaart Maatschappij voor Nederland en Koloniën N.V. für das Material, das sie mir zur Durchführung dieser Untersuchungen zur Verfügung stellten. Bei den Einzeluntersuchungen leisteten die Herren Dipl.-Ing. H. Kübler und Dipl.-Ing. R. Brand, Assistenten des Instituts, wertvolle Mitarbeit.

Carl Pirath.

Stuttgart, im Juli 1932.

Inhaltsverzeichnis.

Die Hochstraßen des Weltluftverkehrs.

Seite

I. Ein Gegenwartsproblem des Weltluftverkehrs 7

II. Verkehrsaufkommen im transkontinentalen und transozeanen Luftverkehr in den verschiedenen Verkehrsbeziehungen 9
    1. Allgemeine Grundlagen der Ermittlung 9
    2. Verkehrsaufkommen Europa—Ostasien 11
    3. Verkehrsaufkommen Europa—Südamerika 13
    4. Verkehrsaufkommen Europa—Nordamerika 14
    5. Verkehrsaufkommen Europa—Indien, Australien und Europa—Südafrika 16
    6. Verkehrsaufkommen Nordamerika—Asien 18

III. Betriebstechnischer Einsatz des Flugzeugs oder Luftschiffs 18
    In Abhängigkeit von
        a) der betriebstechnischen Reichweite,
        b) der Zeitersparnis,
        c) dem Verkehrsaufkommen.

IV. Wirtschaftlicher Einsatz des Flugzeugs oder Luftschiffs in Abhängigkeit von den Selbstkosten der Beförderung 26
    1. Allgemeine Grundsätze der Selbstkostenermittlung 26
    2. Selbstkosten des Flugzeugverkehrs für die Strecke Europa—Ostasien 27
    3. Selbstkosten des Luftschiffverkehrs für die Strecken Europa—Südamerika und Europa—Nordamerika 35

V. Deckung der Selbstkosten durch Beförderungspreise 39
    1. Allgemeine Grundsätze für die Preisbildung 39
    2. Beförderungspreise im Flugzeugverkehr 40
    3. Beförderungspreise im Luftschiffverkehr 40
    4. Belastung der Güter durch Beförderungskosten im Luftverkehr 41

VI. Schlußfolgerungen 43

Literaturverzeichnis.

Bücher.

1. Aircraft Year Book, Herausgegeben von der Aeronautical Chamber of Commerce of America Inc. New York City.
2. Deutsches Verkehrsbuch, Herausgegeben von Dr. Baumann, Berlin.
3. Geschäftsberichte der Gesellschaften.
4. Imperial Air Routes, Herausgegeben von Salt, London.
5. Statistica delle Linee Aeree Civili Italiane, Herausgegeben vom Italienischen Luftfahrt-Ministerium, Rom.
6. The Air Annual of the British Empire, Herausgegeben von Burge, London.
7. The World Almanac and Book of Facts, Herausgegeben von The New York World.

Zeitschriften.

1. Aero Digest, New York.
2. Air and Airways, London.
3. Aircraft, Melbourne.
4. Air Commerce Bulletin, Washington.
5. Airports, Washington.
6. Airway Age, East Stroudsburg, Pa.
7. Aviation, New York.
8. Bulletin de la Navigation Aérienne, Paris.
9. Bulletin de Renseignements, Paris.
10. Flight, London.
11. Flug, Wien.
12. Imperial Airways Gazette, London.
13. L'Aéronautique, Paris.
14. L'Air, Paris.
15. La Technique Aéronautique, Paris.
16. Les Ailes, Paris.
17. Le Vie dell'Aria, Rom.
18. Luft Hansa Nachrichten, Berlin.
19. Luftschau, Berlin.
20. Luftwacht, Berlin.
21. Nachrichten für Luftfahrer, Berlin.
22. N.A.T. Bulletin Board, Chicago.
23. Rivista Aeronautica, Rom.
24. S.A.E. Journal, New York.
25. Schweizer Aero-Revue, Zürich.
26. The Aeroplane, London.
27. Traffic World, Chicago.
28. Western Flying, Los Angeles.
29. Zeitschrift für Flugwesen, Prag.

Die Hochstraßen des Weltluftverkehrs.

I. Ein Gegenwartsproblem des Weltluftverkehrs.

Der praktische Luftverkehr hat sich bis jetzt im wesentlichen im Landes- und kontinentalen Luftverkehr entwickelt. Über seine Sicherheit und Leistungen sowie über den Grad der Wirtschaftlichkeit ist in früheren Abhandlungen des Verkehrswissenschaftlichen Instituts für Luftfahrt wiederholt berichtet worden. Die ständige Beobachtung und Untersuchung der technischen und organisatorischen Grundlagen des Luftverkehrs lassen die Möglichkeiten immer klarer erkennen, nach denen sich nun der Zusammenschluß der verschiedenen kontinentalen Luftverkehrsnetze vollziehen muß. Dieser Zusammenschluß wird erfolgen über die Hochstraßen des Weltluftverkehrs. Als solche möchte ich die transkontinentalen und transozeanen Luftverkehrslinien bezeichnen, die die wirtschaftlichen Aktionszentren der Erde auf dem Luftwege verbinden sollen und auf denen das Luftfahrzeug, Flugzeug oder Luftschiff, seinen Vorzug der Schnelligkeit zur Erfüllung seines Zwecks als Verkehrsmittel besonders wirkungsvoll auswerten kann.

Nicht allein der planmäßige Luftverkehr auf langen kontinentalen Strecken in Europa und vor allem in den Vereinigten Staaten von Amerika hat bereits wichtige Erkenntnisse über die technischen, betrieblichen und verkehrlichen Eigenarten langer, über 1000 km hinausgehender Luftlinien gebracht. Es ist auch bereits auf transkontinentalen Strecken von Europa nach Indien ein planmäßiger Versuchsverkehr auf Hochstraßen des Weltluftverkehrs seit 1 bis 2 Jahren eingerichtet. Neuerdings ist er ergänzt worden durch den erstmaligen planmäßigen Verkehr mittels Luftschiffen in 14tägigen Zeitabständen über den Südatlantik und durch den Flugzeugverkehr von Europa nach Südafrika.

Bei dieser Lage der Entwicklung drängt sich die Frage auf, welche Aussichten heute schon für einen nach Sicherheit, Leistungsfähigkeit und Wirtschaftlichkeit erfolgreichen Luftverkehr auf den größten Linien des zukünftigen Weltluftverkehrsnetzes bestehen. Daß hierbei Vorsicht am Platze ist, ist selbstverständlich, weil ganz neue Tatsachen im Verkehr auf diesen Linien berücksichtigt werden müssen und Überlegungen anzustellen sind, zu denen die bisherigen Erfahrungen im Betrieb größerer Luftverkehrsstrecken nur Bausteine, nicht aber volle Voraussetzungen liefern können. Auf der anderen Seite wird es möglich sein, auf Grund der ständigen Verfolgung der Erscheinungsformen bei der Erschließung immer größerer Raumweiten auf dem Luftweg, wenn auch zum Teil nur theoretisch, die technischen und wirtschaftlichen Gesichtspunkte für die gesamten Hochstraßen im Weltluftverkehr klar zu legen.

Die Durchführung dieser Untersuchungen war durch das Fehlen eines Luftfahrzeugs mit genügender Reichweite bisher unmöglich oder vielmehr praktisch wenig wertvoll. Da durch die technische Entwicklung dieser Mangel heute im wesentlichen behoben ist, stellt die noch ungenügende Kenntnis der meteorologischen Verhältnisse in gewissen Gebieten, die im Zuge der großen Weltluftverkehrslinien liegen, noch Unbekannte dar, für die bei den vorliegenden Untersuchungen Annahmen gemacht werden müssen. Aber auch diese Annahmen können in günstiger Weise gestützt werden durch Erfahrungen auf vergleichsfähigen, im Betrieb befindlichen Transkontinentalstrecken Europas und Nordamerikas. Die betriebstechnische Untersuchung kann daher im wesentlichen abgestellt werden auf im praktischen Luftverkehr erkannte Tatsachen und verzichten auf Voraussagen oder Spekulationen über das, was die Fortschritte der Wetterkunde und der Technik vielleicht noch bringen können. In welcher Richtung diese Fortschritte liegen müssen, darüber wird allerdings das Untersuchungsergebnis manche wertvollen Anhaltspunkte geben können.

Für den Augenblick steht der praktischen Einrichtung neuer Weltluftverkehrslinien die Depression der Weltwirtschaft entgegen, die das Bedürfnis nach baldiger Einrichtung der großen Luftverkehrsstrecken gedämpft und die Initiative zum Einsatz von Kapitalien für die letzte Etappe im Weltluftverkehrsnetz gelähmt hat. Aber gerade für die Überwindung dieser letzten Hemmungen dürfte es besonders wichtig sein, wenigstens annähernd zu untersuchen, um welche Kapitalsummen es sich dabei handeln würde. Und da weiterhin der bisherige Versuchsverkehr auf großen Linien die verkehrswirtschaftliche Seite über theoretische Kenntnisse hinaus mit den Erfahrungen der Praxis beleuchtet und belegt hat, so wird eine Beurteilung der Wirtschaftlichkeit des Luftverkehrs auf Hochstraßen mit gewisser Zuverlässigkeit sich durchführen lassen und die weiteren Entschlüsse für den Aufwand von Geldmitteln beeinflussen können.

Um den praktischen Wert dieser Untersuchungen für die Entwicklung des Weltluftverkehrs zu erhöhen, wurden in erster Linie Weltluftverkehrsstrecken zugrundegelegt, deren Inbetriebnahme für Europa und Deutschland besonders gegenwartsnahe ist. Deutschland verfügt heute über Luftfahrzeuge, die auch den größten Reichweiten im Weltluftverkehr gerecht zu werden vermögen und deren betriebstechnische Eigenarten und Leistungsfähigkeit im praktischen Betrieb erprobt sind. Für den Transozeanverkehr ist es das Luftschiff „Graf Zeppelin" und für den Transkontinentalverkehr die Junkers Maschine G 38, die beide den Beweis ihrer Lufttüchtigkeit und Sicherheit auf langen Strecken im regelmäßigen öffentlichen Verkehr seit fast Jahresfrist erbracht haben. Für das Flugzeug ist die Einsatzmöglichkeit wegen nicht genügender verkehrstechnischer Reichweite noch auf die transkontinentalen Strecken beschränkt, während für das Luftschiff diese Beschränkung nicht mehr vorliegt.

Es ergibt sich also schon von diesen Gesichtspunkten aus eine gewisse Arbeitsteilung für die Verwendung von Flugzeugen und Luftschiffen in der Weise, daß das Luftschiff zunächst den Überseeverkehr allein übernehmen muß. Auf der anderen Seite beeinflußt die Stärke der Verkehrsströme die Wahl eines der beiden Luftfahrzeuge und in besonderem Maße auch die wirtschaftliche Ausnutzung ihrer Ladefähigkeit durch Nutzlast. Da sie letzten Endes den wirtschaftlichen Erfolg im Weltluftverkehr bestimmt, so wird zunächst die Ermittlung der Verkehrsströme notwendig sein, bevor schließlich über die zweckmäßige Wahl des Luftfahrzeugs entschieden und die Transportkosten sowie die Beförderungspreise im Luftverkehrsbetrieb mit Flugzeugen und Luftschiffen auf den Hochstraßen des Weltluftverkehrs untersucht werden können.

Vom Standpunkt der Nutzladefähigkeit der Luftfahrzeuge dürfte heute das Fassungsvermögen der Flugzeuge und Luftschiffe einen Grad erreicht haben, der jedem Verkehrsbedürfnis im Luftverkehr auf absehbare Zeit gerecht zu werden vermag. In Tabelle 1 ist eine Übersicht gegeben, wie für Land- und Wasserflugzeuge heute die Nutzladefähigkeit in den verschiedenen Ländern maximal gelagert ist. In ihr ist in Spalte 5 die Summe aus Nutzlast und Betriebsstoffe eines jeden Flugzeugs angegeben, von der ein 50 proz. Anteil als Nutzladefähigkeit für die in Spalte 10 der Tabelle angegebenen Reichweiten zu veranschlagen ist. Deutschland besitzt danach die Flugzeuge größten Fassungsvermögens sowohl für den Personen-, wie für den Post- und Frachtverkehr. Es wird im Verlauf der Untersuchung wertvoll sein, die zu erwartenden Luftverkehrsströme auf den Weltluftverkehrslinien auch nach der Richtung zu beurteilen, ob eine weitere Steigerung des Ladevermögens der Luftfahrzeuge für eine absehbare Zukunft vertreten werden kann oder ob vielleicht die Ladefähigkeit vom Standpunkt des Verkehrsbedürfnisses schon überschritten ist. Der Ladefähigkeit der Flugzeuge ist in der Tabelle diejenige des Luftschiffs „Graf Zeppelin" und des im Bau befindlichen Luftschiffs L. Z. 129 gegenübergestellt. Es ist zu erkennen, daß das Luftschiff die Ladefähigkeit vorhandener Großflugzeuge noch um ein Wesentliches übertrifft. Es wird also auch für die weitere Entwicklung des Luftschiffs in Abhängigkeit vom Verkehrsbedürfnis Grundsätzliches aus den weiteren Untersuchungen abgeleitet werden können.

Tabelle 1. **Höchste Nutzladefähigkeit von Luftfahrzeugen im Jahre 1932.**

Land	Flugzeug	Fluggewicht t	Zuladung[1]) t	Nutzlast + Betriebsstoffe t	Verfügbare Passagierplätze maximal	Leistung PS	Höchstgeschwindigkeit km/h	Betriebsgeschwindigkeit km/h	Reichweite b. Nutzlast = Betriebsstoffgewicht km
1	2	3	4	5	6	7	8	9	10
I. Landflugzeuge									
Ver. Staaten von Amerika	Fokker F 32	11,00	4,25	3,87	28	2 300	252	200	1 250
Frankreich	Bordelaise DB 70	13,00	5,40	5,00	28	2 100	220	175	1 550
England	Handley Page 42	13,00	6,00	5,00	38	2 200	185	148	1 250
Deutschland	Junkers G 38	25,00	10,20	9,66	30	3 200	228	180	2 000
II. Seeflugzeuge									
England	Short „Kent"	13,76	8,13	5,00	16	2 220	212	168	1 400
Ver. Staaten von Amerika	Sikorsky S 40[2])	15,40	5,50	4,80	40	2 300	224	172	1 300
Frankreich	Lioré & Olivier Léo 27	17,30	8,30	7,50	8	2 400	225	180	2 100
Deutschland	Dornier Do X	52,00	22,50	20,00	70	7 200	240	190	1 950
III. Luftschiffe									
Deutschland	„Graf Zeppelin"	83,20	25,0	15,00[3])	20	2 650	128	115	10 000
	LZ 129	198,00	(110,0)[4])	85,00[3])	50	3 600	(140)[4])	128	(10 000[4])
Ver. Staaten von Amerika	Akron	182,50	82,6	78,00[3])	75	4 500	135	120	11 000

[1]) Zuladung = Nutzlast + Betriebsstoffe + Besatzung + Ausrüstung.
[2]) Amphibie.
[3]) Graf Zeppelin hat gewichtsloses Triebgas, die Nutzlast beträgt daher 15 t. Bei den anderen Luftschiffen wird flüssiger Betriebsstoff verwendet, wobei die Nutzlast für die in Spalte 10 angegebenen Reichweiten etwa 18 t beträgt.
[4]) Daten liegen noch nicht fest.

II. Verkehrsaufkommen im transkontinentalen und transozeanen Luftverkehr in den verschiedenen Verkehrsbeziehungen.

1. Allgemeine Grundlagen der Ermittlung.

Die Luftverkehrslinien, die als Hochstraßen im Weltluftverkehr für Europa und Deutschland in Frage kommen, liegen in den Verkehrsbeziehungen:

1. Europa—Ostasien,
2. Europa—Südamerika,
3. Europa—Nordamerika,
4. Europa—Indien, Australien,
5. Europa—Südafrika.

Die Strecken 1 bis 3 berühren zweifellos in erster Linie das wirtschaftliche Interessengebiet Deutschlands und Mitteleuropas, während die Strecken 4 bis 5 in stärkerem Maße in der Interessensphäre anderer europäischer Staaten, vor allen Dingen derjenigen Westeuropas liegen.

Für die Ermittlung der auf diesen Weltluftverkehrslinien zu erwartenden Verkehrsmengen an Personen, Post und Fracht wurde grundsätzlich von den Verkehrsströmen ausgegangen, wie sie in diesen Verkehrsbeziehungen die anderen Verkehrsmittel wie Schiffahrt und Eisenbahnen in Jahren übersehbarer Weltwirtschaftsbeziehungen von 1925—1930 haben entstehen lassen. Da dem Luftverkehr sich in erster Linie hoch- und eilwertige Verkehrsgattungen zuwenden werden, so wurde innerhalb der bisherigen Verkehrsströme wieder nur die oberste Schicht ermittelt, das sind im Personenverkehr die Reisenden I. Klasse, im Postverkehr die Briefpost in Gestalt von Briefen, Postkarten und Drucksachen sowie die Paketpost und im Frachtverkehr die hoch- und eilwertigen Güter. Die Methode der Ermittlung und der Umfang der Verkehrsmengen sind im Heft 1 der Forschungsergebnisse des Verkehrswissenschaftlichen Instituts für Luftfahrt eingehend dargelegt worden und können als bekannt vorausgesetzt werden. Es wurde dort noch besonders, vor allem in bezug auf Post und Fracht hervorgehoben, daß die verkehrswerbende Wirkung des Luftverkehrs für die Feststellung der Verkehrsmengen nicht berücksichtigt wurde, um nicht durch Annahmen die positiven Zahlen und ihre Verwertbarkeit zu verwässern.

Durch die Untersuchungen in Heft 1 ist aber zunächst lediglich der in erster Linie für den Weltluftverkehr in Frage kommende Verkehr nach Art und Menge begrenzt. **Wieviel tatsächlich von den bisherigen Verkehrsströmen auf das Luftverkehrsmittel übergehen wird**, bedarf für jede Linie einer besonderen Überlegung, da Zeitersparnis und Eigenarten der Verkehrsbeziehungen zwischen den auf dem Luftweg zu verbindenden wirtschaftlichen Aktionszentren verschieden sind und den Anteil der Verkehrsmengen am Luftverkehr bestimmen.

Ganz allgemein geben die Verkehrsleistungen auf bereits seit einigen Jahren im Betrieb befindlichen transkontinentalen Luftverkehrsstrecken Anhaltspunkte für die richtige Wahl dieses Anteils. Für den **Personenverkehr** können die Zahlen der Pan American Airways, die den Luftverkehr zwischen den Vereinigten Staaten von Amerika und Südamerika bedient, als Beispiel herangezogen werden. Insgesamt wurden zwischen Nord- und Südamerika einschließlich der heute angeflogenen Staaten von Mittelamerika im Jahre 1930 in der I. Klasse 171 305 Personen auf dem Seeweg befördert. Hiervon gingen 15,8% auf den Luftverkehr über.

Im **Luftpostverkehr** arbeiten seit 1 bis 2 Jahren die holländische und englische Linie nach Indien und die Transkontinentallinien Ost—West in den Vereinigten Staaten von Amerika sowie die französische Linie nach Südamerika, letztere allerdings noch im kombinierten Verkehr mit Schnellpostschiffen. In der Verkehrsbeziehung Holland—Indien und zurück werden wöchentlich auf dem Seewege insgesamt 1260 kg Briefpost, also jährlich 65 t befördert. Die durch den Luftverkehr bei 14tägiger Verkehrsbedienung bisher beförderten 11 t betragen hiervon 14,5%. Durch den nunmehr wöchentlichen Verkehr hat sich bis jetzt der Postverkehr mehr als verdoppelt. Wenn auch angenommen werden muß, daß ein Teil dieser Luftpost von anderen Ländern Europas stammt, so wird doch die Hauptmenge von Holland selbst ausgehen, so daß mit 15% Übergang der Briefpost auf den Luftweg bei wöchentlichem Luftverkehr gerechnet werden kann.

Von England nach Britisch-Indien und zurück werden jährlich auf dem Seewege 3175 t Briefpost befördert. Die Luftpostmenge stellt mit 49,8 t bei bisher wöchentlicher Bedienung hiervon 1,6% dar.

Auf den transkontinentalen Luftverkehrslinien innerhalb der Vereinigten Staaten von Amerika, die den Osten und den Westen des Landes verbinden, wurden 1,56% der gesamten in den 14 größten Städten aufkommenden Post auf dem Luftweg befördert. Von dieser Luftpostmenge entfallen allein 40% auf die kürzeste Transkontinentallinie New York—Chicago—San Francisco, und es ist ohne nähere Unterlagen anzunehmen, daß auf dieser Linie der Luftpostanteil an dem gesamten bisher durch Eisenbahnen bedienten Poststrom New York—San Francisco erheblich über dem Durchschnittsanteil von 1,56% liegt.

Von Frankreich nach Südamerika Ostküste und zurück werden auf dem Seewege jährlich 1285 t Briefpost befördert. Hiervon gingen auf die französische kombinierte Luft- und Seeschifffahrtlinie der Aéropostale, die die Transportzeit von durchschnittlich 15 Tagen auf nur 9 Tage vermindert, 32,4 t = 2,5% über, ein Anteil, der sich zweifellos vergrößern würde, wenn die mit dem Luftschiff mögliche Verminderung der Reisezeit von 15 Tagen auf 3 bis 5 Tage den Verkehrsinteressenten geboten werden kann.

Auf Grund dieser praktischen Ergebnisse auf Weltluftverkehrslinien in transkontinentalen und transozeanen Verkehrsbeziehungen wird je nach der Zeitersparnis und der Stärke der wirtschaftlichen Beziehungen der auf dem Luftweg verbundenen Gebiete damit gerechnet werden können, daß von den Reisenden I. Klasse 2 bis 25%, von der Briefpost 3 bis 15% der bisherigen Verkehrsströme auf den Luftverkehr übergehen werden. Im einzelnen wird bei den untersuchten Strecken der Anteil noch näher festgelegt und begründet werden.

Für den **Frachtverkehr** sind Beispiele des praktischen Luftverkehrs auf großen Strecken noch wenige vorhanden. Lediglich kann für die Transkontinentalstrecken Amerikas angegeben werden, daß bei einem Beförderungspreis von 6 bis 7 RM./tkm auf der transkontinentalen Luftverbindung New York—Kalifornien im Jahre 1931 an Fracht 13,7 t und auf der transozeanen Strecke Nordamerika—Südamerika 114 t befördert wurden. Hierbei ist besonders zu berücksichtigen, daß das Jahr 1931 das erste Betriebsjahr war, in dem zu dem eben erwähnten außerordentlich hohen Frachtsatz die Beförderung von Fracht möglich war, und daß seit der Ermäßigung dieses Frachtsatzes auf 3 RM./tkm seit Dezember 1931 der Luftfrachtverkehr auf den großen Luftverkehrsstrecken erheblich zugenommen hat. Wenn demnach die im amerikanischen Großstreckenluftverkehr beförderte Fracht praktisch noch nicht als Maßstab genommen werden kann, so bietet auf der anderen Seite die im Heft 1 behandelte Methode zur Ermittlung der für den Luftverkehr in Frage kommenden Frachtmengen eine Gewähr für eine weitgehend zuverlässige Erfassung des Luftverkehrsbedürfnisses für Fracht. Es wurden in Heft 1 unter sehr vorsichtigen Annahmen, die sich auf die Ergebnisse im Frachttransport des europäischen Luftverkehrs stützen, die Frachtmengen bestimmt, die für den Luftverkehr zu erwarten sind. Es ergab sich dabei, daß in der Hauptsache Güter, deren Wert für 1 kg mindestens 60 RM. beträgt, sich dem Luftweg zuwenden werden. Auf dieser Grundlage wurden die Frachtmengen selbst ermittelt, so daß an sich die Berechtigung vorläge, diese Mengen ganz für den Luftweg in Aussicht zu nehmen. Um aber auch hier nicht zu günstig zu rechnen, ist von diesen Mengen nur ein Prozentsatz eingesetzt, der zwischen 20 und 55% schwankt und für die einzelnen Verkehrslinien besonders ermittelt und begründet ist.

Bei allen Verkehrsbeziehungen wurden die Verkehrsmengen nach einer 1. und 2. Annahme ermittelt, wobei die 1. Annahme sich auf eine Anlaufzeit im Luftverkehr von 3 bis 5 Jahren bezieht und die 2. Annahme auf die anschließende Zeit, für die die werbende Kraft eines planmäßigen Weltluftverkehrs weitere Verkehrsmengen mobilisieren wird. Auf diese Weise sollen die für jeden neuen Verkehrsweg zu berücksichtigenden Entwicklungserscheinungen für die technischen Anlagen und für die verkehrliche Benutzung erfaßt und der Kalkulation möglichst praktische Grundlagen gegeben werden.

Da sich bereits bei den in Heft 1 niedergelegten Ermittlungen ergeben hatte, daß die Verkehrsströme an Personen, Post und Fracht hin und zurück verschieden oder unpaarig sind, so wurde auch für den Luftverkehr die in jeder Richtung zu erwartende Verkehrsmenge besonders bestimmt. Diese Trennung gestattet wichtige Schlüsse für die Auslastung der Luftfahrzeuge durch Nutzlast und für die zweckmäßige Preisbildung in der Luftbeförderung.

Für die Beurteilung der Zeitersparnis auf dem Luftweg gegenüber dem vorhandenen schnellsten Parallelverkehrsmittel spielt auch die Verwendung von Flugzeugen oder Luftschiffen eine gewisse Rolle. Nach dem Entwicklungsstand der Luftfahrzeuge wurde für die Linie Europa—Ostasien Flugzeugverkehr und für die Atlantiklinien Luftschiffverkehr vorgesehen. Diese Wahl bietet um so mehr die Möglichkeit, die verkehrswirtschaftlichen Eigenarten beider Luftbetriebsarten zu erfassen und gegenüberzustellen, als auch die Flugstrecken für sie auf den genannten Linien nahezu gleich lang sind.

2. Verkehrsaufkommen Europa—Ostasien.

Für die Ermittlung des Verkehrsaufkommens von Europa nach Südostasien und den übrigen Erdteilen mit ihren wirtschaftlichen Aktionszentren bestehen zwei grundsätzliche Unterschiede. Während die Verbindung Europas mit den räumlich konzentrierten Wirtschaftsgebieten Südamerika, Nordamerika und Südafrika in ihren Endpunkten allgemein gegeben ist, kommt für das langgestreckte wirtschaftliche Aktionszentrum Südostasien ein Anschluß an das von Europa ausstrahlende Weltluftverkehrsnetz im Süden und im Osten in Frage. Im Forschungsheft 2 wurden die nach Südostasien möglichen drei Luftwege nach Richtung und Verkehrsmengen untersucht. Wenn auch noch nicht feststeht, ob alle drei Linien nach Südostasien eingerichtet werden, so läßt sich doch heute schon sagen, daß für die Verbindung nach Ostasien oder China und Japan in der Hauptsache die beiden nördlich gelegenen Linien entlang der Sibirischen Bahn oder über Zentralasien in Frage kommen, während für die Verbindung nach Südasien oder Indien und anschließend Australien die südliche Linie zu wählen ist. Da die südliche Linie bereits von Luftverkehrsgesellschaften Großbritanniens, Hollands und Frankreichs betrieben wird, so bleibt eine der beiden nördlichen Linien zu untersuchen. Es wurde ohne Rücksicht auf die politischen Verhältnisse die nördlichste entlang der Sibirischen Bahn gewählt, da ihre Einrichtung praktisch übersehbar ist, während für die andere Linie Annahmen gemacht werden müßten, deren Zuverlässigkeit nicht genügend belegt werden kann. Für beide Linien ist das gleiche Verkehrsgebiet China und Japan maßgebend und für den Verkehrsstrom zugrunde zu legen.

Eine Trennung der Verkehrsgebiete in Asien nach östlicher und südöstlicher Seite erfordert naturgemäß auch eine Trennung der Ausgangsgebiete Europas. Es ist anzunehmen, daß der luftverkehrstechnisch vorwiegend nach der südlichen Seite Asiens orientierte westliche Teil Europas auch die südliche Luftverkehrslinie bevorzugen wird, während der östliche Teil Europas der nördlichen Linie sich in erster Linie zuwenden wird. Als Einzugsgebiet für diese nördliche Transkontinentallinie können daher betrachtet werden: Deutschland, die Ostseeländer, Polen, Österreich, die Tschechoslowakei und das europäische Rußland, denen nun auf der anderen Seite als Gegenpol Japan und China gegenüberstehen. Daraus ergeben sich unter Zugrundelegung der in Heft 2 enthaltenen Ermittlungsmethode die in Tabelle 2 aufgeführten bisherigen Verkehrsströme für Reisende I. Klasse, Post und Fracht. Für den Personenverkehr wurden die auf der Sibirischen Bahn im Jahre 1930 zwischen Europa und Ostasien beförderten Reisenden I. Klasse zugrundegelegt, da bei ihnen es sich in erster Linie um Personen handelt, die den schnellen Landweg dem langsameren Seeweg vorziehen und daher auch der erheblich schnelleren Beförderung auf dem Luftweg besonderes Interesse abgewinnen werden. Der Seeverkehr der Reisenden I. Klasse konnte nicht berücksichtigt werden, da zuverlässige Zahlenangaben hierüber nicht zu erhalten waren. Immerhin dürfte auch von diesem Verkehr noch eine gewisse Befruchtung des Personenluftverkehrs ausgehen, doch soll sie außer Betracht bleiben.

Tabelle 2. **Ermittlung des Verkehrsaufkommens für die Luftverbindung Europa—Ostasien.**
Jährliches Verkehrsaufkommen.

Verkehrsbeziehungen		Personen I. Klasse	Fracht t	Briefe t	Pakete t
1		2	3	4	5
Mittel-, Nord- und Nordosteuropa—China und Japan	hin	2850	70	370	170
	zurück	2330	144	180	90
Hiervon sollen auf den Luftverkehr übergehen:					
Mittel-, Nord- und Nordosteuropa—China und Japan 1. Annahme		20%	50%	10%	10%
2. Annahme		25%	55%	15%	15%

Damit ergibt sich für den Luftverkehr jährlich:

		Personen	Fracht t	Briefe t	Pakete t	Gesamt t
6			7	8	9	10	11
1. Annahme	hin	550	35	37	17	144
	zurück	450	72	18	9	144
2. Annahme	hin	680	38	55	25	186
	zurück	580	80	27	14	179
1. Annahme	Summe	1000	107	55	26	288
2. Annahme	Summe	1260	118	82	39	365

Quellen: Spalte 2: Für 1930 aus der Statistik des transasiatischen Reiseverkehrs auf der sibirischen Bahn.
Spalte 3: Für 1925 aus Forschungsergebnisse des V. I. L. Heft 1.
Spalte 4: }
Spalte 5: } Für 1928 aus Relevé des Tableaux Statistiques du Service Postal International.
Spalte 11: 1 Person = 80 kg.

Für die Frachtbeförderung wurde auf Grund spezieller Untersuchungen ermittelt, daß 12% des im Heft 1 der Forschungsergebnisse angegebenen Verkehrsstroms für Fracht auf der nördlichen Transkontinentallinie, der Rest zur See oder über den südlichen Luftweg befördert werden. Der Poststrom wurde aus der Statistik 1928 des Weltpostvereins für die genannten ost- und mitteleuropäischen Länder einerseits und Japan und China andererseits ausgewertet.

Für die Bestimmung der Anteile, die von den bisherigen Verkehrsströmen für den Luftverkehr in Frage kommen werden, war die tatsächliche Zeitersparnis und der Umstand maßgebend, daß von dem übrigen Europa, dessen Verkehrsaufkommen, um die Unterlagen nicht zu verwickelt zu gestalten, nicht berücksichtigt wurde, gewisser Verkehr auf die nördlichen Linien übergehen wird. Die Zeitersparnis auf dem Luftweg gegenüber dem Eisenbahntransport auf der Sibirischen Bahn ist aus den Zeitersparnislinien der Abb. 1, deren Ermittlung auf Seite 20 erläutert ist, zu ersehen.

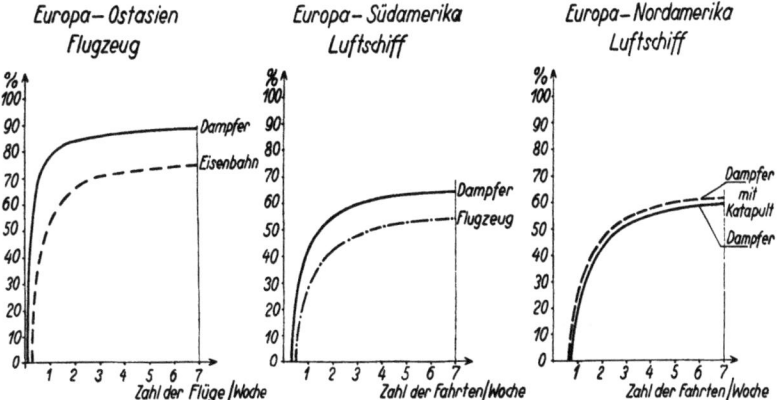

Abb. 1. Mittlere Zeitersparnis durch Luftverkehr gegenüber vorhandenen Verkehrsmitteln.

Die Abbildung zeigt zunächst, daß im Vergleich zu der auf gleicher Abbildung angegebenen Zeitersparnis auf den durch Luftschiffe bedienten Atlantiklinien die Ostasienlinie durch den Luftverkehr eine relativ größere Verringerung der Reisezeit gegenüber vorhandenen Verkehrsmitteln aufweisen wird. Das berechtigt grundsätzlich zur Wahl des höchsten im praktischen Betrieb festgestellten Anteils für den Luftverkehr, wie er auf bereits betriebenen Transkontinentalstrecken tatsächlich aufgekommen ist. Diese Wahl wird weiterhin noch begründet durch die enge Erfassung der Verkehrsströme, die den Anteilverkehr des westlichen Europas nicht unmittelbar enthalten, aber von ihm einen gewissen Zufluß haben werden.

Nach diesen Überlegungen wurde die Tabelle 2 aufgestellt, die den zu erwartenden Luftverkehr in Personen, Post und Fracht auf der Linie Europa—Ostasien für 1. und 2. Annahme enthält. Während der Gesamtverkehr bei der 1. Annahme mengenmäßig mit jährlich 144 t hin und zurück gleich ist, liegen im einzelnen im Post- und Frachtverkehr wesentliche Unterschiede vor, die die Einnahmeseite des Hin- und Rücktransports beeinflussen, dagegen für die Auslastung der Flugzeuge in beiden Richtungen sich ausgleichen. Für die 2. Annahme liegen die Verhältnisse ähnlich.

3. Verkehrsaufkommen Europa—Südamerika.

Für die Ermittlung des Verkehrsstromes von Europa nach Südamerika konnte, da leistungsfähige und wesentliche Zeitersparnis bringende sonstige Luftverkehrslinien nicht vorhanden sind, ganz Europa für die Bestimmung der vorhandenen Verkehrsströme berücksichtigt werden. Die französische Linie der Aéropostale bringt eine Zeitersparnis von durchschnittlich 6 Tagen, also nur rund 30% gegenüber der Seeschiffahrt, während auf dem vom Luftschiff „Graf Zeppelin" bedienten Luftweg bei gleicher Fahrtfolge wie der Aéropostale, also wöchentlichem Flugbetrieb in jeder Richtung, 50% Zeitersparnis erzielt werden. Südamerika mußte unterteilt werden nach Ost- und Westküste, da für die Ostküste der Luftweg wesentlichere Vorteile in der Reisezeit bringt als für die Westküste und demnach der Anteil für den Luftverkehr verschieden aus den vorhandenen Verkehrsströmen bemessen werden mußte. Zur Ostküste wurde gerechnet: Brasilien, Argentinien Uruguay, Paraguay, zur Westküste der Rest von Südamerika.

Die Zeitersparnis im Luftverkehr gegenüber den heutigen Verkehrsgelegenheiten, die von der Seeschiffahrt und der kombinierten Luft- und Seetransportlinie der Aéropostale geboten werden, ist in Abb. 1 dargestellt. Sie ist geringer als im Ostasienflugzeugverkehr, so daß auch der Anteil des Luftverkehrs niedriger bemessen werden muß. Das Ergebnis ist in Tabelle 3 niedergelegt.

Der Verkehrsstrom nach Südamerika ist insgesamt etwas größer als umgekehrt, und zwar auf Grund der wirtschaftlichen Tatsache, daß die Geschäftsbeziehungen und der Transport hochwertigen Guts ihr Schwergewicht in Europa haben. Innerhalb der Verkehrsgattungen sind die Unterschiede zum Teil erheblich, vor allem im Personen- und Postverkehr. Die Ausnutzung der Nutzladefähigkeit der Luftschiffe hin und zurück wird demnach keine großen Unterschiede aufweisen, dagegen wird die Einnahmeseite hin und zurück verschieden sein.

Tabelle 3. **Ermittlung des Verkehrsaufkommens für die Luftverbindung Europa—Südamerika.**
Jährliches Verkehrsaufkommen.

Verkehrsbeziehungen		Personen I. Klasse	Fracht t	Briefe t	Pakete t
1		2	3	4	5
Gesamteuropa—Südamerika Ostküste	hin	10 257	473	2 413	1 000
	zurück	19 353	575	1 775	200
Gesamteuropa—Südamerika Westküste	hin	—	473	1 449	2 720
	zurück	—	575	104	16
Hiervon sollen auf den Luftverkehr übergehen:					
Gesamteuropa—Südamerika Ostküste	1. Annahme	3%	20%	5%	5%
	2. Annahme	5%	50%	10%	10%
Gesamteuropa—Südamerika Westküste	1. Annahme	—	10%	1%	1%
	2. Annahme	—	20%	3%	3%

Damit ergibt sich für den Luftverkehr jährlich:

		Personen	Fracht t	Briefe t	Pakete t	gesamt t
6			7	8	9	10	11
1. Annahme	hin	285	142	135	77	397
	zurück	530	173	90	10	353
2. Annahme	hin	460	330	285	182	866
	zurück	870	403	180	21	734
1. Annahme	Summe	815	315	225	87	750
2. Annahme	Summe	1 330	733	465	203	1600

Quellen: Spalte 2: Für 1929 aus Baumann, Deutsches Verkehrsbuch.
Spalte 3: Für 1925 aus Forschungsergebnisse des V.I.L., Heft 1.
Spalte 4: }
Spalte 5: } Für 1928 aus Relevé des Tableaux Statistiques du Service Postal International.
Spalte 11: 1 Person = 150 kg.
Anmerkung: Die Staaten der Ostküste sind Brasilien, Uruguay, Paraguay und Argentinien.

4. Verkehrsaufkommen Europa—Nordamerika.

Auch für diese Verkehrsbeziehung konnte aus den gleichen Gründen wie für die südamerikanische Linie ganz Europa als Einzugsgebiet zur Ermittlung der vorhandenen Verkehrsströme berücksichtigt werden. Zu Nordamerika wurden gezählt: Kanada, Vereinigte Staaten von Amerika und Mexiko, und zwar mit der Maßgabe, daß für den Personenverkehr nur der an der Ostküste Amerikas aufkommende Verkehr berücksichtigt wurde, während für Post und Fracht das Gesamtgebiet Nordamerikas angesetzt werden konnte.

Wie aus Abb. 1 hervorgeht, ist die Zeitersparnis auf dem Luftweg bei Luftschiffbetrieb gegenüber den vorhandenen Verkehrsmitteln, den Seeschiffen ohne und mit Katapult, bei einmal wöchentlicher Luftverkehrsbedienung verhältnismäßig gering. Aber auch bei zweimal wöchentlicher Fahrt beträgt sie nur 35 bis 40%. Bei diesem geringen Vorsprung des Luftverkehrs gegenüber dem Seeverkehr mußten die niedrigsten Anteile für die aus dem vorhandenen Verkehr zu erwartenden Luftverkehrsmengen eingesetzt werden. Das Ergebnis ist in Tabelle 4 niedergelegt. Der Verkehrsstrom von Nordamerika nach Europa ist insgesamt um $1/4$ bis $1/5$ stärker als umgekehrt, so daß die Auslastung des Luftfahrzeugs in der Richtung Europa—Nordamerika ungünstiger sein wird. Das hat allerdings vom betrieblichen Standpunkt aus den Vorteil, daß für die mehr Betriebsstoffe erfordernde Ost-West-Fahrt genügend Ladegewicht für flüssige Betriebsstoffe freigehalten werden kann. In den einzelnen Verkehrsgattungen zeigt nur die Fracht einen großen Unterschied hin und zurück, während Personen und Post nahezu gleich sind.

Tabelle 4. **Ermittlung des Verkehrsaufkommens für die Luftverbindung Europa—Nordamerika.**
Jährliches Verkehrsaufkommen.

Verkehrsbeziehungen		Personen I. Klasse	Fracht t	Briefe t	Pakete t
1		2	3	4	5
Europa—Nordamerika gesamt	hin	95 739	888	8 404	6 600
	zurück	91 253	3 338	8 200	6 400
Hiervon sollen auf den Luftverkehr übergehen:					
Europa—Nordamerika gesamt	1. Annahme	2 %	10 %	6 %	3 %
	2. Annahme	2,7 %	25 %	8 %	4 %

Damit ergibt sich für den Luftverkehr jährlich:

		Personen	Fracht t	Briefe t	Pakete t	Gesamt t
6			7	8	9	10	11
1. Annahme	hin	1 920	89	502	198	1 077
	zurück	1 830	334	492	192	1 293
2. Annahme	hin	2 580	222	672	264	1 535
	zurück	2 420	834	657	256	2 110
1. Annahme	Summe	3 750	423	994	390	2 370
2. Annahme	Summe	5 000	1 056	1 329	520	3 645

Quellen: Spalte 2: Für 1929 aus Baumann, Deutsches Verkehrsbuch.
Spalte 3:
Spalte 4: } Für 1925 aus Forschungsergebnisse des V.I.L., Heft 1.
Spalte 5:
Spalte 11: 1 Person = 150 kg.
Anmerkung: Zu Nordamerika sind Kanada, Vereinigte Staaten von Amerika und Mexiko gerechnet.

Zur besseren Veranschaulichung der Verkehrsströme für die bisher untersuchten 3 Verkehrsbeziehungen ist in Abb. 2 ein Bild über Stärke und Art der Verkehrsströme wiedergegeben.

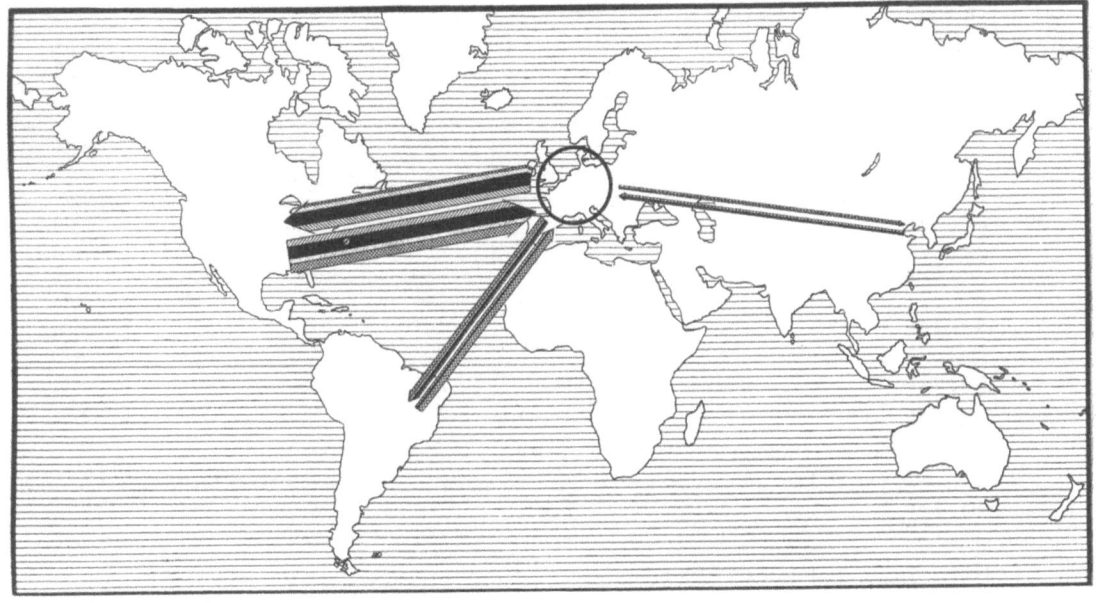

Abb. 2. Verkehrsströme für transkontinentalen und transozeanen Luftverkehr.

5. Verkehrsaufkommen Europa—Indien, Australien und Europa—Südafrika.

Es schien zweckmäßig, den im einzelnen untersuchten Weltluftverkehrslinien nach Ostasien und über den Atlantik nach Süd- und Nordamerika das voraussichtliche Verkehrsaufkommen auf den übrigen bedeutenden, zum Teil bereits in Betrieb genommenen Transkontinentallinien

Europa—Indien, Australien und
Europa—Südafrika,

nach gleichen Methoden und Grundsätzen ermittelt, gegenüber zu stellen. Im Vergleich der Verkehrsströme können dann für die Zukunft weitere Schlußfolgerungen in bezug auf die verkehrliche Bedeutung der verschiedenen Linien und ihre betrieblichen Eigenarten gezogen werden. Auch wird es auf diese Weise möglich, die Untersuchungsergebnisse über die Ostasien- und Atlantiklinie für die Selbstkosten und die Preisbildung auf der Indien- und Südafrikalinie auszuwerten und für verkehrspolitische Entschlüsse zu verwenden.

Für die Verkehrsbeziehung Europa—Indien, Australien wurden mit Rücksicht auf die bereits im Betrieb befindlichen 3 Linien (England, Holland, Frankreich) die Verkehrsströme für zwei Fälle untersucht. Im ersten Fall wurde ein Verkehr zwischen den europäischen Ländern: Deutschland, Österreich, Tschechoslowakei, Ungarn, Schweiz, Polen und Ostseeländer einerseits, sowie Hinterindien und Australien andererseits ermittelt, im zweiten Fall zwischen Gesamteuropa und Vorderindien, Hinterindien und Australien. Der letzte Fall dient auch der Erörterung der Frage, zwischen Europa und Hinterindien einen Luftschiffverkehr einzurichten.

Tabelle 5. **Ermittlung des Verkehrsaufkommens für die Luftverbindung Europa—Indien, Australien.**

Jährliches Verkehrsaufkommen.

I. Luftschiffverkehr ohne Zwischenstationen.

Verkehrsbeziehungen		Fracht t	Briefe t	Pakete t
1		2	3	4
1. Mitteleuropa—Hinterindien, Australien (ohne England, Frankreich, Niederlande)	hin	—	78	460
	zurück	—	20	25
2. Mitteleuropa (einschl. England, Frankreich, Niederlande) —Hinterindien, Australien	hin	295	1 070	3 520
	zurück	737	266	415
Hiervon sollen auf den Luftverkehr übergehen:				
Mitteleuropa—Hinterindien, Australien . . . . 1. Annahme		20 %	5 %	5 %
2. Annahme		50 %	10 %	10 %

Damit ergibt sich für den Luftschiffverkehr jährlich:

		Fracht t	Briefe t	Pakete t	gesamt t
5		6	7	8	9
1. Annahme, Fall 1	hin	—	3,5	23	26,5
	zurück	—	1	1,2	2,2
Fall 2	hin	59	50	176	285
	zurück	146	13	26	185
2. Annahme, Fall 2	hin	147	107	352	606
	zurück	368	27	51	446
1. Annahme, Fall 2	Summe	205	63	202	470
2. Annahme, Fall 2	Summe	515	134	403	1 052

II. Flugzeugverkehr mit Zwischenstationen in Vorderasien und Vorderindien.

Für einen Flugzeugverkehr mit Zwischenstationen kommen noch folgende Verkehrsmengen hinzu:

1. Annahme, Fall 2	Summe	60	30	124	214
2. Annahme, Fall 2	Summe	150	59	248	457

Quellen: Spalte 2: Für 1925 aus Forschungsergebnisse des V.I.L., Heft 1.
Spalte 3:
Spalte 4: } Für 1928 aus Relevé des Tableaux Statistiques du Service Postal International.

Anmerkung: Auf europäischer Seite wurden einbezogen: Skandinavien, Deutschland, Schweiz, Österreich, Ungarn, Tschechoslowakei, Polen und Ostseeländer, auf asiatischer Seite Hinterindien, Sunda-Inseln, außerdem Australien.

II. Verkehrsaufkommen im transkontinentalen und transozeanen Luftverkehr usw.

Für die Festlegung des zu Fall 1 zu wählenden Anteils, der von den bisherigen Verkehrsmengen an Post und Fracht auf das Luftfahrzeug übergehen wird, sind maßgebend die verhältnismäßig geringen Handelsbeziehungen von Mittel- und Osteuropa nach Südasien gegenüber den stärkeren Beziehungen Westeuropas. Für den Anteil zu Fall 2 konnten höhere Prozentsätze gewählt werden. Das Ergebnis ist in Tabelle 5 getrennt nach Luftschiffverkehr ohne Zwischenstationen und nach Flugzeugverkehr mit Zwischenstationen zusammengestellt, jedoch ohne Personenbeförderung, da zuverlässige Zahlen hierüber nicht vorhanden sind. Zunächst ist zu erkennen, daß für den Fall 1 die Verkehrsmengen so gering sind, daß eine Luftschiffverbindung nicht in Frage kommt und auch eine Flugzeugverbindung kaum ausgelastet ist. Der Luftverkehrsstrom Europa—Indien verträgt keine zu starke Aufteilung auf verschiedene nationaleuropäische Linien, wenn Wert auf Wirtschaftlichkeit gelegt wird. Dagegen bietet diese Verkehrsbeziehung in der Konzentration gute Grundlagen für eine Luftschifflinie oder zwei Flugzeuglinien. Für den Flugzeugverkehr konnte ferner noch mit einem gewissen, in der Tabelle angegebenen Verkehrszuwachs der Zwischenstationen gerechnet werden. Die Verkehrsmenge ist in den beiden Richtungen stark unpaarig, sowohl im ganzen wie für die einzelnen Verkehrsgattungen, so daß die Auslastung der Luftfahrzeuge hin und zurück nicht günstig sein wird.

Ähnlich liegen die Verhältnisse für die Linie Europa—Südafrika, deren Verkehrsaufkommen zwischen Gesamteuropa und dem südafrikanischen Raum in Tabelle 6 enthalten ist. Auch diese Luftverkehrsmengen werden für einen Luftschiffverkehr nicht genügen, so daß zunächst Flugzeugverkehr in Frage kommt, der von den Zwischenstationen noch einen gewissen, in der Tabelle enthaltenen Zusatzverkehr erhalten wird.

Tabelle 6. **Ermittlung des Verkehrsaufkommens für die Luftverbindung Europa—Südafrika.**
Jährliches Verkehrsaufkommen.
I. Luftschiffverkehr ohne Zwischenstationen.

Verkehrsbeziehungen		Fracht t	Briefe t	Pakete t
1		2	3	4
West- und Mitteleuropa—Südafrikanische Union .... hin		34	260	2 150
zurück		70	131	216
Hiervon sollen auf den Luftverkehr übergehen:				
West- und Mitteleuropa—Südafrikanische Union .. 1. Annahme		20%	5%	5%
2. Annahme		50%	10%	10%

Damit ergibt sich für den Luftschiffverkehr jährlich:

		Fracht t	Briefe t	Pakete t	gesamt t
5		6	7	8	9
1. Annahme .... hin		7	13	107	127
zurück		14	6	11	31
2. Annahme .... hin		17	26	215	258
zurück		35	13	22	70
1. Annahme .... Summe		21	19	118	158
2. Annahme .... Summe		52	39	237	328

II. Flugzeugverkehr mit Zwischenstationen in Ägypten und den Britischen Kolonien.
Für einen Flugzeugverkehr mit Zwischenstationen kommen noch folgende Verkehrsmengen hinzu:

1. Annahme .... Summe		62	32	172	266
2. Annahme .... Summe		155	64	345	564

Quellen: Spalte 2: Für 1925 aus Forschungsergebnisse des V.I.L., Heft 1.
Spalte 3: } Für 1928 aus Relevé des Tableaux Statistiques du Service Postal International.
Spalte 4:
Anmerkung: Auf europäischer Seite wurden einbezogen: England, Frankreich, Belgien, Niederlande, Dänemark, Skandinavien, Ostseeländer, Polen, Europäisch Rußland, Deutschland, Schweiz, Österreich, Ungarn, Tschechoslowakei, Italien.

6. Verkehrsaufkommen Nordamerika—Asien.

Wenn auch für Europa ein unmittelbares Interesse an dieser Linie nicht vorliegt, so ist es doch vom Standpunkt des gesamten Weltluftverkehrsnetzes interessant, zu untersuchen, ob diese Verbindung für Luftschiffverkehr als der vorläufig technisch allein möglichen Betriebsart genügend Verkehrsmengen aufweisen wird. Bei der wesentlichen Zeitersparnis, die auf dieser Linie auf dem Luftweg erzielt wird, konnten die höheren Anteile vom vorhandenen Verkehr zur Ermittlung der Luftverkehrsmengen eingesetzt werden. Das Ergebnis, das in Tabelle 7 enthalten ist, zeigt, daß der Strom ungefähr demjenigen zwischen Europa und Südamerika entspricht und daher einer wöchentlichen Luftschiffbedienung eine genügende Auslastung bringen würde.

Tabelle 7. **Ermittlung des Verkehrsaufkommens für die Luftverbindung Nordamerika—Asien.**

Jährliches Verkehrsaufkommen.

Verkehrsbeziehungen		Personen I. Klasse	Fracht t	Briefe t	Pakete t
1		2	3	4	5
Nordamerika—Ostasien gesamt	hin	3 946	507	2 060	6 950
	zurück	4 670	230	615	950
Hiervon sollen auf den Luftverkehr übergehen:					
Nordamerika—Ostasien gesamt	1. Annahme	3%	20%	5%	5%
	2. Annahme	5%	50%	10%	10%

Damit ergibt sich für den Luftverkehr jährlich:

		Personen	Fracht t	Briefe t	Pakete t	gesamt t
6			7	8	9	10	11
1. Annahme	hin	118	101	103	347	569
	zurück	140	46	30	47	144
2. Annahme	hin	198	253	206	695	1 184
	zurück	234	115	61	95	306
1. Annahme	Summe	258	147	133	394	713
2. Annahme	Summe	432	368	267	790	1 490

Quellen: Spalte 2: Für 1930 aus Water Borne Passenger Traffic of the United States.
Spalte 3:
Spalte 4: } Für 1925 aus Forschungsergebnisse des V.I.L., Heft 1.
Spalte 5:
Spalte 11: 1 Person = 150 kg.

Anmerkung: Zu Nordamerika sind Kanada, Vereinigte Staaten von Amerika und Mexiko, zu Ostasien China und Japan gerechnet.

In Tabelle 8 ist eine übersichtliche Zusammenstellung der für die verschiedenen Strecken gewählten Anteile des Luftverkehrs an den gesamten hoch- und eilwertigen Verkehrsmengen der vorhandenen Verkehrsmittel sowie der daraus sich ergebenden Verkehrsmengen gegeben.

Für die weiteren Untersuchungen wurden nun die letztgenannten Linien ausgeschaltet und lediglich die Linien von Europa nach Ostasien, Südamerika und Nordamerika als für Europa und Deutschland am wesentlichsten untersucht nach ihrem betrieblichen Aufbau als Grundlage für die Ermittlung der Selbstkosten, Bildung der Beförderungspreise und Beurteilung der Wirtschaftlichkeit.

III. Betriebstechnischer Einsatz des Flugzeugs oder Luftschiffs.

Der Transport von hoch- und eilwertigen Verkehrsgattungen auf den Weltluftverkehrslinien verlangt grundsätzlich neben einer genügenden Sicherheit eine zuverlässige Regelmäßigkeit, da die beförderten Verkehrsmengen wie Personen, Post und hochwertige Fracht besonders empfindlich gegen Unregelmäßigkeiten sind. Hierauf ist bei dem betriebstechnischen Einsatz des Flugzeugs oder des Luftschiffs und der Organisation des gesamten Betriebs besonders Rücksicht zu nehmen.

III. Betriebstechnischer Einsatz des Flugzeugs oder Luftschiffs.

Tabelle 8. Übersicht für das jährliche Verkehrsaufkommen auf den Hochstraßen des Weltluftverkehrs.

Verkehrsbeziehungen	1. Annahme									2. Annahme								
	Anteil des Luftverkehrs an den gesamten hoch- und eilwertigen Verkehrsmengen				Verkehrsaufkommen für den Luftverkehr					Anteil des Luftverkehrs an den gesamten hoch- und eilwertigen Verkehrsmengen				Verkehrsaufkommen für den Luftverkehr				
	Personen	Fracht	Post		Personen	Fracht	Post		gesamt	Personen	Fracht	Post		Personen	Fracht	Post		gesamt
			Briefpost	Pakete			Briefpost	Pakete				Briefpost	Pakete			Briefpost	Pakete	
	%	%	%	%		t	t	t	t	%	%	%	%		t	t	t	t
1	2	3	4	5	6	7	8	9	10	11	12	13	14	15	16	17	18	19
Europa—Ostasien																		
hin	20	50	10	10	550	35	37	17	144	25	55	15	15	680	38	55	25	186
zurück					450	72	18	9	144					580	80	27	14	179
gesamt					1 000	107	55	26	288					1 260	118	82	39	365
Europa—Südamerika																		
hin	3	20	5	5	285	142	135	77	397	5	50	10	10	460	330	285	182	866
zurück					530	173	90	10	353					870	403	180	21	734
gesamt					815	315	225	87	750					1 330	733	465	203	1 600
Europa—Nordamerika																		
hin	2	10	6	3	1 920	89	502	198	1 077	2,7	25	8	4	2 580	222	672	264	1 535
zurück					1 830	334	492	192	1 293					2 420	834	657	256	2 110
gesamt					3 750	423	994	390	2 370					5 000	1 056	1 329	520	3 645
Europa—Indien, Australien																		
hin	—	20	5	5	—	59	50	176	285	—	50	10	10	—	147	107	352	606
zurück					—	146	13	26	185					—	368	27	51	446
gesamt					—	205	63	202	470					—	515	134	403	1 052
Europa—Südafrika																		
hin	—	20	5	5	—	7	13	107	127	—	50	10	10	—	17	26	215	258
zurück					—	14	6	11	31					—	35	13	22	70
gesamt					—	21	19	118	158					—	52	39	237	328
Nordamerika—Asien																		
hin	3	20	5	5	118	101	103	347	569	5	50	10	10	198	253	206	695	1 184
zurück					140	46	30	47	144					234	115	61	95	306
gesamt					258	147	133	394	713					432	368	267	790	1 490

2*

Vom Standpunkt der betriebstechnischen Reichweite ist heute noch das Flugzeug in seiner Verwendungsfähigkeit beschränkt, während das Luftschiff in Sonder- und Planfahrten seine Eignung für jede beliebige Reichweite der Erde dargetan hat. Hieraus ergibt sich vom betriebstechnischen Standpunkt, daß für die Verkehrsströme Europa—Ostasien das Flugzeug, für die Verkehrsströme Europa—Südamerika und Europa—Nordamerika das Luftschiff zu verwenden ist. Nachdem die Utopie eines Flugzeugverkehrs Europa—Nordamerika unter Verwendung schwimmender künstlicher Inseln nun auch durch den finanziellen Zusammenbruch des schwindelhaften Unternehmens dargetan ist, konnte von einer kritischen Untersuchung der Möglichkeit einer solchen Lösung Abstand genommen werden. Auch ist der in letzter Zeit von einer amerikanischen Luftverkehrsgesellschaft aufgegriffene Plan eines Luftverkehrs Europa—Nordamerika über Grönland—Island—Far Oer—Shetland-Inseln nicht behandelt worden, da die Unterlagen zur Beurteilung der Durchführbarkeit dieser Luftlinie noch nicht genügend übersehbar sind. Auf einen weiteren durchaus beachtenswerten Plan, im Südatlantik Zwischenpunkte in Gestalt von Katapultschiffen für den Flugbootverkehr zu schaffen, wurde ebenfalls nicht näher eingegangen, da dieses Projekt nur ein Übergangsstadium für einen Transozeanverkehr ohne Zwischenlandung auf hoher See darstellen soll, für den die Dornierflugboote wertvolle technische Entwicklungsgrundlagen bieten.

Aus der Ermittlung der Verkehrsströme ergibt sich, daß auch vom Standpunkt des Verkehrsaufkommens die linienmäßige Scheidung für das Flugzeug und das Luftschiff in dem oben angegebenen Sinn zweckmäßig ist. Die Frage, welche Verkehrshäufigkeit vorzusehen ist, entscheiden die Zeitersparnis, das Verkehrsaufkommen auf dem Luftweg und das Fassungsvermögen der Luftfahrzeuge. In Abb. 1 ist die mittlere Zeitersparnis für die drei zu untersuchenden Strecken, wie bereits an anderer Stelle erwähnt, dargestellt. Die Kurven geben an, wieviel Prozente der mit den vorhandenen Verkehrsmitteln, Eisenbahnen oder Seeschiffen, benötigten mittleren Beförderungszeit auf dem Luftweg erspart werden. Dabei ist unter mittlerer Beförderungszeit die Summe aus Reisezeit und Liegezeit des Transportguts zu verstehen, also ganz allgemein die Zeit zwischen Aufgabe und Ablieferung der Güter. Um hierfür eine praktisch richtige Vergleichsgrundlage zu erhalten, mußte auch die Häufigkeit in der Verkehrsbedienung bei den vorhandenen Verkehrsmitteln der Häufigkeit auf dem Luftwege gegenübergestellt werden. Erreicht nun beispielsweise das Luftfahrzeug eine Zeitersparnis von 70% bei einer Beförderungszeit von 10 Tagen eines anderen Verkehrsmittels, so würde demnach die Beförderungszeit auf dem Luftwege 10—7 = 3 Tage betragen. Aus dem inneren Zusammenhang zwischen Beförderungszeiten und Verkehrshäufigkeiten, deren Funktion die Kurven darstellen, ergibt sich ferner, daß bei gleichen Reisezeiten die verschiedenen Anfangspunkte der Ersparniskurven in der horizontalen Ordinate sich um so weiter vom Nullpunkt nach rechts verschieben, je häufiger in der Woche vorhandene Verkehrsmittel Verkehrsgelegenheit bieten. Der Einfluß der Häufigkeit erklärt auch die zunächst merkwürdig anmutende Zeitersparniskurve für das Seeschiff mit Katapultflugzeug auf der Nordamerikalinie, die auf den Häufigkeitszahlen der wenigen mit Katapulten ausgerüsteten Schnelldampfer aufgebaut werden mußte. Bei größerer Häufigkeit der Verbindung mit Katapultschiffen würde sich auch naturgemäß der absolute Wert der Zeitersparnis zugunsten des Katapultdienstes ändern.

Aus Abb. 1 ergibt sich, daß eine wesentliche Zeitersparnis gegenüber den von vorhandenen Verkehrsmitteln gebotenen Verkehrsgelegenheiten auf dem Luftweg nur eintritt, wenn mindestens einmal wöchentlich eine Verkehrsgelegenheit geboten wird. Selbst auf der in bezug auf Fahrzeit auf dem See- und Landweg wenig günstig gestellten Ostasienstrecke würde ein nur 14tägiger Luftverkehr nicht genügend Zeitersparnis bringen zur Erzielung einer ausreichenden Auslastung des angebotenen Laderaums. Über eine zweimal wöchentliche Verkehrsbedienung hinaus verbessert sich die Zeitersparnis nur in geringem Maße, so daß die Notwendigkeit einer mehr als zweimal wöchentlichen Verkehrsbedienung auf dem Luftweg in erster Linie von den aufkommenden Verkehrsmengen bestimmt wird.

Wenn aber mindestens einwöchentliche Verkehrsbedienung auf dem Luftweg mit Rücksicht auf die Zeitersparnis verlangt werden muß, so ist das Nutzlastangebot der Luftschiffe für die Ost-

III. Betriebstechnischer Einsatz des Flugzeugs oder Luftschiffs.

asienstrecke zu groß, um aus dem ermittelten Verkehrsaufkommen eine genügende Auslastung von 50 bis 60% für den Durchschnitt des Jahres zu erzielen. Es würde nur eine 20proz. Ausnutzung des angebotenen Laderaums oder des Fassungsvermögens möglich sein. Damit schaltet zunächst das Luftschiff für einen lohnenden Verkehr nach Ostasien aus und das Flugzeug mit seiner geringeren Nutzladefähigkeit ist auf dieser Linie einzusetzen. Auf den beiden Atlantikstrecken würde dagegen das Luftschiff auch bei einwöchentlichen Fahrten genügend Verkehrsmengen für einen wirtschaftlichen Betrieb finden können.

So verlangen die Rücksicht auf die technische Reichweite, die Zeitersparnis und das Verkehrsaufkommen in gleicher Weise eine Verwendung von Flugzeugen auf der Ostasienlinie und von Luftschiffen auf den Atlantiklinien. Damit sind die Voraussetzungen für die Aufstellung von Betriebsplänen und für die betriebliche Organisation auf den drei Linien gegeben. Die Betriebspläne sollen Aufschluß geben über den betriebstechnischen Apparat, der nötig ist, um das Luftverkehrsbedürfnis zu befriedigen. Der Betriebsplan gibt damit die Grundlagen für die festen und beweglichen technischen Anlagen, also für die Bodenorganisation und die Fahrzeuge, ferner für den Personalbedarf und damit für alle Ausgaben, die durch Einnahmen bei richtiger Preisbildung gedeckt werden müssen.

Zur Aufstellung des Betriebsplans für die Ostasienstrecke wurden zwei verschiedene Flugzeugtypen vorgesehen: Ein einmotoriges Post- und Frachtflugzeug und ein mehrmotoriges Großflugzeug für Personen, Post und Fracht. Als einmotoriges Post- und Frachtflugzeug wurde eine dem amerikanischen Postflugzeug Boeing „Monomail" ähnliche Maschine gewählt, die in nachfolgendem mit Flugzeug B bezeichnet werden soll. Das Boeing-Flugzeug „Monomail" ist schon seit einigen Jahren im Transkontinentalverkehr der Vereinigten Staaten von Amerika auf der Strecke Chicago—San Francisco eingesetzt. Es liegt daher eingehendes betriebswirtschaftliches Beurteilungsmaterial für diese Maschine vor. Sie hat eine Nutzladefähigkeit von 0,8 t bei einer Reichweite von 900 km und eine Betriebsgeschwindigkeit von 225 km/h. Diese Werte wurden auch für Flugzeug B angenommen. Diesem schnellen einmotorigen Flugzeug ist das mehrmotorige Großflugzeug Type Junkers G 38 gegenübergestellt, dessen betriebliche Leistungsfähigkeit in den Jahren 1931 und 1932 im planmäßigen Kontinentalverkehr Europas von der Deutschen Luft Hansa A.-G. erprobt wurde. Es hat 4 Motore und eine Nutzladefähigkeit von 4,3 t bei einer Reichweite von 2000 km und eine Betriebsgeschwindigkeit von 180 km/h. Es soll im nachfolgenden mit Flugzeug A bezeichnet werden. Die Wahl dieser beiden in Geschwindigkeit und Nutzladefähigkeit unterschiedlichen Flugzeugmuster für die betriebswirtschaftliche Untersuchung der Ostasienstrecke bietet die vorteilhafte Möglichkeit, an einem praktischen Beispiel die Frage der Wirtschaftlichkeit eines transkontinentalen Luftverkehrs mit kleinen und großen Typen erneut zu prüfen. Diese Gegenüberstellung ist auch wichtig für den Fall, daß die Inbetriebnahme der Strecke zunächst für den Post- und Frachtverkehr beabsichtigt ist und erst in späterer Zeit für den Personenverkehr erfolgen soll. Die geringe Nutzladefähigkeit des Flugzeugs B verlangt bei dem auf der Strecke zu erwartenden Verkehrsumfang wöchentlich häufigere Verkehrsgelegenheiten als die fünfmal größere Nutzladefähigkeit des Flugzeugs A, so daß auch der verkehrliche Vorteil einer häufigeren Verkehrsbedienung für die Wahl eines der beiden Flugzeugmuster berücksichtigt werden kann.

Für die beiden Flugzeugmuster ergab sich aus ihrer Motorenausrüstung und ihrer Reichweite auch eine verschiedene Bodenorganisation. Ausgehend von der Tatsache, daß das Flugzeug B eine um 25% höhere Stundengeschwindigkeit als das Flugzeug A hat, konnte bei gleicher Reisezeit für die gesamte Strecke das Flugzeug B vorwiegend bei Tag eingesetzt werden. Auf diese Weise konnte die Streckenorganisation für das Flugzeug B erheblich einfacher gestaltet werden, da nur für die in der Dämmerung morgens und abends durchflogenen Strecken eine Strecken- und Flugplatzbeleuchtung notwendig war, somit nur für 30% der gesamten Strecke. Grundsätzlich mußte aber aus Gründen der Sicherheit für das einmotorige Flugzeug für die bei Dunkelheit durchflogenen Strecken die heute übliche weitgehende Streckenbeleuchtung und Ausstattung mit Notlandeplätzen vorgesehen werden. Für das mehrmotorige Flugzeug A dagegen konnte mit Rücksicht auf die weitgehenden navigatorischen Hilfsmittel, die ihm zur Verfügung stehen, auf eine Streckenbeleuchtung trotz Tag- und Nachtflug verzichtet werden bis auf die Flughäfen und Hilfslandeplätze, die zu beleuchten sind. Auch konnten bei diesem Flugzeug wegen der Unterteilung und der Zugänglichkeit der Motorenanlage die Abstände der Hilfslandeplätze erheblich weiter gewählt werden. Es sind demnach die heute üblichen beiden Methoden einer an die Strecke gebundenen und weniger gebundenen Flugsicherung der Untersuchung zugrunde gelegt.

Eine Besonderheit liegt noch in der Betriebsorganisation der transkontinentalen Flugstrecken. Es bestehen hier 3 Möglichkeiten oder Betriebsarten:

1. **Das Durchflugsystem für Flugzeug und Besatzung.**

Jedes Flugzeug durchfliegt in mehrtägigen Etappen die Gesamtstrecke ohne Besatzungswechsel. Diese Betriebsart ist auf der 1 mal wöchentlich beflogenen holländischen Transkontinentallinie Europa—Indien eingeführt.

2. **Das Durchflugsystem für Flugzeug bei Besatzungswechsel.**

Jedes Flugzeug durchfliegt mit den nötigen Betriebsaufenthalten die Gesamtstrecke mit Besatzungswechsel.

3. **Etappenpendelsystem für Flugzeug und Besatzung.**

Jedes Flugzeug fliegt nur Teilstrecken im Pendelverkehr ohne Besatzungswechsel. Diese Betriebsart ist auf den mehrfach wöchentlich beflogenen Transkontinentalstrecken Ost—West in den Vereinigten Staaten von Amerika im durchgehenden Tag- und Nachtverkehr eingeführt.

Für die Betriebsarten 1 und 2 werden durchweg Großflugzeuge mit mittleren Geschwindigkeiten und großen Reichweiten, für die Betriebsart 3 kleinere Flugzeuge mit hohen Geschwindigkeiten und mittleren Reichweiten verwendet. Die Betriebsart 1 gestattet, da nach jeder Tagesleistung die Besatzung die erforderliche Ruhe haben muß, auf der Strecke Europa—Indien eine Flugleistung je Tag von 800—1500 km, die Betriebsart 3 auf der Strecke New York—San Francisco aber eine solche von 3000—4500 km, also eine erheblich schnellere Durchfliegung der Gesamtstrecke. Zwischen beiden Tagesleistungen liegt die Tagesleistung der Betriebsart 2 mit durchschnittlich 2700 km.

Die Betriebsart 1 verlangt mit Rücksicht auf die Leistungsfähigkeit der Besatzung und auf die gegenüber Flugzeug A gebotene geringere Bequemlichkeit für die Passagiere eine um 50% höhere Reisezeit als die 2. und 3. Betriebsart. Aus diesem Grund und im Interesse der Regelmäßigkeit, die bei der Betriebsart 1 schlechter sein dürfte als bei den anderen Betriebsarten, wurde die Betriebsart 1 als Grundlage für die endgültige Einrichtung der Transkontinentalstrecken nicht gewählt, sondern es wurde die Betriebsart 2 für das Flugzeug A und die Betriebsart 3 für das Flugzeug B, bei letzterem mit der oben angeführten Beschränkung eines wesentlich bei Tag durchzuführenden Flugs, zugrunde gelegt. Es soll dabei nicht verkannt werden, daß die Betriebsart 1 vorwiegend für erst in verkehrlicher Entwicklung begriffene Fernstrecken eine Zentralisation des Betriebs ermöglicht, die besonders bei vielen zu überfliegenden Staaten den Vorteil einer größeren Unabhängigkeit von den Einrichtungen der Bodenorganisation zeigt. Diese zentralisierte Organisation bietet ferner den Vorzug, daß Personal und Flugmaterial bei jedem Flug nach dem europäischen Ausgangshafen der Strecke zurückkehren und daß dadurch die für eine weitere Entwicklung dieses Fernstreckendienstes wichtigen Erfahrungen aus direkter Quelle gewonnen werden können. Die Nutzladefähigkeit der Flugzeuge bei Betriebsart 1 wird jedoch durch die verhältnismäßig starke Besatzung und durch die erforderliche Mitnahme von verschiedenen Ersatzteilen wesentlich herabgesetzt. Als Ziel für die Betriebsorganisation auf großen Kontinentalstrecken dürften im Interesse der Sicherheit und Regelmäßigkeit des Langstreckenluftverkehrs jedenfalls die Betriebsarten 2—3 anzusehen sein. Sie wurden daher auch der vorliegenden Untersuchung mit gewissen der möglichst billigen Bodenorganisation dienenden Änderungen zugrunde gelegt.

Unter diesen betrieblichen Voraussetzungen und unter Berücksichtigung der Geländegestaltung sowie der Besiedelung entlang der Flugstrecke, die im wesentlichen der Sibirischen Bahn parallel läuft, ergeben sich folgende Abstände der Flughäfen und Hilfslandeplätze:

III. Betriebstechnischer Einsatz des Flugzeugs oder Luftschiffs.

	Durchschnittliche Abstände der	
	Flughäfen km	Hilfslandeplätze km
Flugzeug A	1600	175
Flugzeug B	725	45

Dem Luftschiffverkehr wurde ein Luftschiff mit Heliumfüllung und gleicher Tragfähigkeit wie „Graf Zeppelin" zugrunde gelegt für eine Streckenlänge von 8000 km mit 15 t Nutzladefähigkeit und 115 km/h Betriebsgeschwindigkeit. Es wurde nur an den beiden Enden der Strecke je ein Luftschiffhafen vorgesehen, und zwar als Ausgangspunkt für Europa ein deutscher Hafen, als Endpunkt für Südamerika Pernambuco und für Nordamerika ein Luftschiffhafen bei New York. Die Unterverteilung des mit dem Luftschiff beförderten Verkehrsguts wird auf den beiden Kontinenten durch den kontinentalen Flugzeugverkehr erledigt.

Tabelle 9. **Betriebsplan für Flugzeugverkehr auf einer Transkontinentalstrecke.**

Flugzeug A.

	Wöchentlicher Verkehr in jeder Richtung			
	1 mal	2 mal	3 mal	4 mal
1	2	3	4	5
Zahl der jährlichen Flüge in beiden Richtungen zusammen	104	208	312	416
Streckenlänge . . . . km	8 000	8 000	8 000	8 000
Betriebs-km je Jahr . . . . km	915 000	1 830 000	2 745 000	3 660 000
Betriebsstunden je Jahr . . . . Std.	5 100	10 200	15 300	20 400
Zahl der Flughäfen	6	6	6	6
Zahl der Zwischenlandeplätze	40	40	40	40
Zahl der Flugzeuge in Betrieb	2	4	6	8
Zahl der Flugzeuge in Reserve	2	2	3	4
Zahl der Reservemotoren	16	24	36	48
Zahl der Betriebsstunden je Flugzeug und Jahr Std.	1 275	1 700	1 700	1 700
Zahl der Zellenüberholungen je Jahr	3	5	8	10
Zahl der Motorüberholungen je Jahr	41	82	123	164
Zahl der Flugzeugwerften	1	1	1	1
Erforderliche Hallengrundfläche . . . . . . m²	2 000	3 000	3 000	3 000
Personalstand:				
Besatzung	29	58	87	116
Betriebspersonal	17	17	17	17
Werftpersonal	35	67	99	131
Jährl. angebotene Nutzladefähigkeit in einer Richtung . . . . t	224	448	672	896
insgesamt . . . . t	448	896	1 344	1 792
Zahl der jährlich angebotenen Nutz-tkm	3 590 000	7 180 000	10 770 000	14 360 000

Anmerkung: Betriebs-km = Streckenlänge × Zahl der Flüge + 10% Zuschlag für Umwege und Probeflüge.

Auf diesen Grundlagen sind nun in den Tabellen 9 bis 11 die Betriebspläne für die drei Weltluftverkehrslinien aufgestellt für einen ein- bis siebenmal wöchentlichen Luftverkehr in jeder Richtung, so daß der Dynamik der Verkehrsentwicklung vom Anfangsverkehr, wie er nach Annahme 1 in den Tabellen 2 bis 4 ermittelt ist, zum Verkehrsumfang in weiterer Zukunft Rechnung getragen ist. Der Betriebsplan gibt Aufschluß über Fahrzeugpark, Personalbedarf, Betriebsleistungen in Flug-km und Verkehrsleistungen in angebotenen Nutz-tkm für die verschiedenen Verkehrsbedürfnisse. Da alle drei Strecken eine Länge von 6500 bis 8000 km haben, so können sie unmittelbar auch in ihrem sachlichen und persönlichen Aufwand verglichen und die Betriebsmethoden mittels Klein- und Großflugzeugen sowie mittels Luftschiffen einander gegenübergestellt werden. Charakteristisch ist vor allem, daß die Zahl der Betriebsstunden je Luftfahrzeug und Jahr bei den Flugzeugen erheblich geringer ist als beim Luftschiff. Das ist darauf zurückzuführen, daß die Geschwindigkeit der Flugzeuge, und hier in erster Linie die des Flugzeugs B, wesentlich größer ist als die des Luftschiffs bei nahezu gleicher Flugstrecke.

Tabelle 10. **Betriebsplan für Flugzeugverkehr auf einer Transkontinentalstrecke.**

Flugzeug B.

	Wöchentlicher Verkehr in jeder Richtung						
	1 mal	2 mal	3 mal	4 mal	5 mal	6 mal	7 mal
1	2	3	4	5	6	7	8
Zahl der jährlichen Flüge in beiden Richtungen zusammen	104	208	312	416	520	624	728
Streckenlänge . . . . km	8 000	8 000	8 000	8 000	8 000	8 000	8 000
Betriebs-km je Jahr . . . . . km	915 000	1 830 000	2 745 000	3 660 000	4 575 000	5 490 000	6 405 000
Betriebsstunden je Jahr . . . Std.	4 100	8 200	12 300	16 400	20 500	24 600	28 700
Zahl der Flughäfen	12	12	12	12	12	12	12
Zahl der Zwischenlandeplätze . . .	160	160	160	160	160	160	160
Zahl der Flugzeuge in Betrieb . .	4	4	8	8	12	14	16
Zahl der Flugzeuge in Reserve . .	2	3	4	5	5	5	5
Zahl der Reservemotoren	6	7	12	13	17	19	21
Betriebsstunden je Flugzeug und Jahr . . . . Std.	684	1 170	1 025	1 260	1 205	1 300	1 365
Zahl der Zellenüberholungen je Jahr	6	12	18	24	30	36	42
Zahl der Motorüberholungen je Jahr	14	28	42	56	70	84	98
Zahl der Flugzeugwerften	1	1	2	2	2	2	2
Erforderliche Hallengrundfläche m²	3 000	3 000	6 000	6 000	6 000	6 000	6 000
Personalstand:							
Besatzung	14	16	26	32	38	44	50
Betriebspersonal	44	50	56	56	60	60	68
Werftpersonal	28	32	52	54	78	86	90
Jährl. angebotene Nutzladefähigkeit							
in einer Richtung . . . . . . t	41,6	83,2	124,8	166,4	208,0	249,6	291,2
insgesamt . . . . t	83,2	166,4	249,6	332,8	416,0	499,2	582,4
Zahl der jährl. angebot. Nutz-tkm	665 000	1 330 000	1 995 000	2 660 000	3 325 000	3 990 000	4 655 000

Anmerkung: Betriebs-km = Streckenlänge × Zahl der Flüge + 10% Zuschlag für Umwege und Probeflüge.

Tabelle 11. **Betriebsplan für einen Luftschiffverkehr auf einer Transatlantikstrecke.**

	Wöchentlicher Verkehr in jeder Richtung				
	1 mal	2 mal	3 mal	4 mal	5 mal
1	2	3	4	5	6
Zahl der jährlichen Fahrten in beiden Richtungen zusammen	104	208	312	416	520
Streckenlänge					
nach Nordamerika . . . . km	6 500	6 500	6 500	6 500	6 500
nach Südamerika . . . . km	7 500	7 500	7 500	7 500	7 500
Betriebs-km je Jahr . . . . km	832 000	1 664 000	2 496 000	3 328 000	4 160 000
Betriebsstunden je Jahr . . . . . . Std.	8 350	16 700	25 050	33 400	41 750
Zahl der Flughäfen	2	2	2	2	2
Zahl der Schiffe					
in Betrieb	2	4	6	6	7
in Reserve	2	2	3	3	3
Zahl der Betriebsstunden je Jahr und Schiff . .	2 080	2 773	2 773	3 898	4 160
Zahl der Betriebshallen	4	4	6	6	7
Personalstand					
Besatzung	160	240	360	360	400
Hafenpersonal	240	240	240	240	240
Jährlich angebotene Nutzladefähigkeit					
in einer Richtung . . . . t	1 560	3 120	4 680	6 240	7 800
insgesamt . . . . t	3 120	4 680	9 360	12 480	15 600
Zahl der angebotenen Nutz-tkm					
nach Nordamerika	10 180 000	20 360 000	30 540 000	40 720 000	50 900 000
nach Südamerika	11 700 000	23 400 000	35 100 000	46 800 000	58 500 000

III. Betriebstechnischer Einsatz des Flugzeugs oder Luftschiffs. 25

Eine Übersicht über den Einsatz von Flugmaterial und Flugpersonal auf der 8000 km langen Strecke Europa—Ostasien zur Bewältigung der Verkehrsmenge nach Annahme 1 gibt für die 3 verschiedenen Arten der Betriebsorganisation Tabelle 12. Betriebsart 1 erfordert für die Gesamtstrecke mehr Personal für die Besatzung als Betriebsart 3, dagegen weniger als Betriebsart 2. In bezug auf den Flugzeugpark liegt die Betriebsart 2 wesentlich unter den Betriebsarten 1 und 3.

Tabelle 12. **Übersicht über die drei Betriebsarten im Transkontinentalverkehr Europa—Ostasien mit Flugzeugen. Streckenlänge 8000 km.**

	Betriebsart 1	Betriebsart 2	Betriebsart 3
	Durchflugsystem für Flugzeug und Besatzung	Durchflugsystem für Flugzeug bei Besatzungswechsel	Etappenpendelsystem für Flugzeug und Besatzung
1	2	3	4
1. Besatzungsstärke:			
Piloten	2	2	2
Mechaniker	1	2	2
Funker	1	1	—[1]
Kabinen- und Lademeister	—	1	—
2. Zur Durchführung eines Flugs in einer Richtung sind erforderlich:			
Flugzeuge	1	1	4
Besatzungen	1	5	4
3. Flugzeit je Besatzung und Flug . . . . Std.	48	8—11	7—12
4. Flugzeit je Besatzung und Tag . . . . Std.	7—9	8—11	7—12
5. Flugzeit je Flugzeug und Flug . . . . Std.	48	49	7—12
6. Flugzeit je Flugzeug und Tag . . . . Std.	7—9	8—11	7—12
7. Für vollständigen Ausbau des Betriebs gemäß 1. Annahme für das Verkehrsaufkommen sind erforderlich:			
Flugzeuge	12	6	13
Besatzungen	12	10	16

[1]) Funkgerät wird durch den zweiten Piloten bedient.

Die nach den Betriebsplänen für die 3 Betriebsarten auf den verschiedenen Transkontinentalstrecken und für das Luftschiff auf den beiden Europa—Amerika-Strecken erzielten Spannungen zwischen den Reisezeiten im Luftverkehr und denjenigen auf vorhandenen parallel laufenden Verkehrsmitteln sind in Tabelle 13 zusammengestellt. Die Betriebsart 1 schneidet in bezug auf Reisezeit ungünstiger ab. Sie entspricht daher nicht dem Optimum an Zeitgewinn, der im Luftverkehr erzielt werden kann.

Tabelle 13. **Kürzeste Reisezeiten mit verschiedenen Verkehrsmitteln auf den Weltverkehrsverbindungen.** (In Tagen.)

Verkehrsverbindung	Strecke	Luftlinie km	Flugzeugverkehr Betriebsart[1])			Luftschiffahrt		Seeschiffahrt		Eisenbahn
			1	2	3	Luftschiff	Luftschiff komb. mit Flugzeug	Seeschiff	Seeschiff komb. mit Flugzeug	
1	2	3	4	5	6	7	8	9	10	11
Europa—Ostasien . . .	Berlin—Peking	7 500	4½	3	3	—	—	35[2])	—	16
Europa—Südamerika .	Berlin—Rio de Janeiro	10 000	—	—	—	—	4½	13	8	—
Europa—Nordamerika	Berlin—New York	6 500	—	—	—	3½	—	8[3])	6	—
Europa—Indien	Amsterdam—Batavia	11 500	10	—	—	—	—	25[2])	—	—
Europa—Afrika	London—Kapstadt	10 000	—	—	11	—	—	19	—	—

[1]) Betriebsart 1: Durchflugsystem für Flugzeug und Besatzung.
    Betriebsart 2: Durchflugsystem für Flugzeug bei Besatzungswechsel.
    Betriebsart 3: Etappenpendelsystem für Flugzeug und Besatzung.
[2]) Bahn bis Genua. — [3]) Bahn bis Bremen.

IV. Wirtschaftlicher Einsatz des Flugzeugs oder Luftschiffs in Abhängigkeit von den Selbstkosten der Beförderung.

1. Allgemeine Grundsätze der Selbstkostenermittlung.

Die aus den Betriebsplänen sich ergebenden charakteristischen technischen Eigenarten des Flugzeug- oder Luftschiffverkehrs erhalten ihre wirkliche Bedeutung erst in einer vollkommenen Erfassung des Aufwands, der zum Transport der verschiedenen Verkehrsmengen nötig ist. Um hier klar zu sehen und die Wirtschaftlichkeit auf den Hochstraßen des Weltluftverkehrs nach dem heutigen Stand der Entwicklung beurteilen zu können, wurden die Selbstkosten in Abhängigkeit von der Verkehrsmenge und den Verkehrsgattungen untersucht.

Zwei Voraussetzungen mußten dabei bezüglich des Begriffs Selbstkosten gemacht werden. Die erste geht davon aus, daß der Luftverkehr alle Kosten des Betriebs mit Ausnahme der Anlage- und Betriebskosten der Streckenorganisation und der Flugsicherung zu tragen hat, jedoch einschließlich der Kosten der für den Betrieb nötigen Hallen- und Werkstattbauten und der zu zahlenden Flughafengebühren. Das entspricht den heutigen Gepflogenheiten zur Deckung der von den Luftverkehrsunternehmungen aufzuwendenden Kosten durch Verkehrseinnahmen und sonstige Einnahmen einschließlich Subventionen. Demnach ist das Luftverkehrsunternehmen nur für eine partielle Deckung der gesamten objektiven Selbstkosten durch Einnahmen verantwortlich. Die zweite Voraussetzung faßt die Selbstkosten weiter. Bei ihr haben die Luftverkehrsunternehmungen alle zum Betrieb notwendigen Aufwendungen, also auch die bei der ersten Voraussetzung ihnen nicht angelasteten Kosten zu tragen, so daß sie die objektiven Selbstkosten für die Einrichtung und für den Betrieb von Weltluftverkehrslinien voll übernehmen müßten. Diese beiden Untersuchungen sollen bisher noch nicht vorliegende Unterlagen darüber geben, wie weit die Streckenausrüstung für Zwecke der Flugsicherung den Luftverkehr belastet auf den verschiedenen Luftverkehrslinien, die mit Flugzeugen oder Luftschiffen betrieben werden; denn schließlich kann nur im Gesamtkomplex der Kosten diese oder jene Betriebsart im Luftverkehr in ihrem Wert volkswirtschaftlich richtig beurteilt werden.

Es ist weiterhin für die Ermittlung der Selbstkosten davon ausgegangen, daß abgesehen von kleinen Störungen oder Unterbrechungen der Luftverkehr im Sommer und Winter auf den Strecken durchgeführt werden kann. Wie weit das möglich sein wird, ist heute noch nicht zu übersehen, vor allem nicht für die Strecke Europa—Ostasien, auf der der Winterluftverkehr zweifellos großen Schwierigkeiten ausgesetzt sein wird. Das Ergebnis der Untersuchungen würde demnach den günstigsten Fall der betrieblichen Abwicklung des Luftverkehrs darstellen und auch verkehrlich an eine genügende Regelmäßigkeit gebunden sein. Sollten längere Unterbrechungen auf den Strecken aus meteorologischen Gründen notwendig sein, so würde sich das wirtschaftliche Ergebnis entsprechend verschlechtern, da sowohl Personal wie Flugzeugpark und sonstige Anlagen brach liegen müßten und keine Verkehrseinnahmen zu erzielen wären.

Die Einzelwerte für die Selbstkostenermittlung sind im wesentlichen den tatsächlichen Verhältnissen der Praxis entnommen, wie sie auf Grund der Untersuchungen des Instituts im heutigen kontinentalen und transkontinentalen Netz ermittelt wurden. Insbesondere boten die Erfahrungen im transkontinentalen Verkehr der Vereinigten Staaten von Amerika wertvolle Grundlagen für die Betriebsmethoden und die Selbstkosten. Für die Untersuchung des Luftschiffverkehrs standen mir nur die Veröffentlichungen von Dörr[1]), Colsman[2]) und Lehmann[3]) zur Verfügung. Es ist daher mit Rücksicht auf die im Bau befindlichen Luftschiffe für diesen Verkehr wohl anzunehmen, daß die Werte eher zu niedrig als zu hoch angesetzt wurden.

Für die nun folgende Untersuchung der Selbstkosten ist zunächst die erste Voraussetzung zugrunde gelegt, daß nämlich die Luftverkehrsgesellschaften durch Verkehrseinnahmen nur

---

[1]) Dörr, Wirtschaftlichkeit und Aussichten des Luftschiffverkehrs. Schweizerische Bauzeitung 1928.
[2]) Colsman, Probleme der Wirtschaftlichkeit des Luftverkehrs. Verlag Lincke, Friedrichshafen 1929.
[3]) Lehmann, Transatlantischer Verkehr mit Zeppelinluftschiffen. Im Jahrbuch der Schiffbautechnischen Gesellschaft 1931.

die Betriebskosten mit Ausnahme der Kosten der Streckenorganisation in Gestalt der Flughäfen, Flugwetterwarten, Flugfunkstellen, Hilfslandeplätze und Streckenbeleuchtung, jedoch einschließlich der Kosten der für ihren Betrieb nötigen Hallen- und Werkstattbauten und die Flughafengebühren zu decken haben. Diese Untersuchung würde also der tatsächlich heute aufzustellenden Kalkulation für einen wirtschaftlichen Luftverkehr auf großen Strecken entsprechen und von unmittelbarem praktischem Wert sein. Anschließend sind dann die Selbstkosten für die zweite Voraussetzung, also für die Deckung der vollen Selbstkosten durch Verkehrseinnahmen, untersucht.

2. Selbstkosten des Flugzeugverkehrs für die Strecke Europa—Ostasien.

Zunächst wurde auf Grund des Betriebsplans der **Kapitalbedarf** für die verschiedenen Häufigkeitsstufen in der Verkehrsbedienung für den Betrieb mittels Flugzeug A und B ermittelt. Da es für die Einrichtung von internationalen Luftverkehrsstrecken besonders wichtig ist, die mit dem Boden fest verbundenen Anlagekosten den beweglichen Anlagekosten, die im wesentlichen im Fahrzeugpark enthalten sind, gegenüberzustellen, so wurde das **Anlagekapital** nach diesen beiden Gesichtspunkten unterteilt. Es wird dem Verkehrsunternehmen bei politischen Verwicklungen im allgemeinen möglich sein, den Flugzeugpark dem auf der Betriebsstrecke liegenden Konfliktsgebiet zu entziehen, während die festen Anlagen dem Unternehmen für weitere Verkehrszwecke verloren sein können. Je größer daher die Anlagekosten für die festen Anlagen sind, um so größer ist das Risiko des Unternehmens.

In den Tabellen 14 und 15 ist das Anlagekapital für den Flugzeugverkehr auf der transkontinentalen Strecke Europa—Ostasien ermittelt, einmal für Luftverkehrsbetrieb mit Flugzeug A und das andere Mal mit Flugzeug B. Zur Bewältigung der für die Ostasienlinie ermittelten Verkehrsmenge würden 2 Flüge wöchentlich mit Flugzeug A und 4 Flüge mit Flugzeug B in jeder Richtung durchzuführen sein. Aus den Tabellen 14 und 15 ist nun ersichtlich, daß für den Betrieb mit Flugzeug A nahezu dreimal so viel Anlagekosten aufzuwenden sind als für den Betrieb mit Flugzeug B. Und selbst wenn man bei Flugzeug A mit 1 Flug wöchentlich auskommen könnte, weil die dann beförderte Menge nahe an das ermittelte Verkehrsbedürfnis heranreicht, so würden die Anlagekosten hierfür immer noch doppelt so hoch sein als für den Betrieb mit Flugzeug B. An die

Tabelle 14. **Anlage- und Betriebskapital für Flugzeugverkehr auf einer Transkontinentalstrecke.**
Flugzeug A.

Gegenstand	Wöchentlicher Verkehr in jeder Richtung			
	1 mal RM.	2 mal RM.	3 mal RM.	4 mal RM.
1	2	3	4	5
I. Anlagekapital				
1. Feste Anlagen:				
Flugzeughallen	200 000	300 000	300 000	300 000
Flugzeugwerften	600 000	600 000	1 000 000	1 000 000
Instandsetzungswerkstätten	200 000	300 000	300 000	300 000
Sonstige Einrichtungen	100 000	150 000	200 000	200 000
Summe	1 100 000	1 350 000	1 800 000	1 800 000
2. Bewegliche Anlagen:				
Flugzeugzellen	3 600 000	5 400 000	8 100 000	10 800 000
Motoren	1 760 000	2 640 000	3 960 000	5 280 000
Zellenersatzteile	720 000	1 080 000	1 620 000	2 160 000
Motorersatzteile	330 000	660 000	990 000	1 320 000
Fuhrpark	50 000	50 000	50 000	50 000
Summe	6 460 000	9 830 000	14 720 000	19 610 000
3. Einlaufkosten	500 000	500 000	500 000	500 000
Summe des Anlagekapitals	8 060 000	11 680 000	17 020 000	21 910 000
II. Betriebskapital	800 000	1 200 000	1 700 000	2 200 000
Summe I + II	8 860 000	12 880 000	18 720 000	23 110 000

Kapitalbeschaffung stellt also das Großflugzeug für die gleiche Verkehrsleistung höhere Anforderungen als das kleinere Flugzeug.

Tabelle 15. **Anlage- und Betriebskapital für Flugzeugverkehr auf einer Transkontinentalstrecke.**
Flugzeug B.

Gegenstand	Wöchentlicher Verkehr in jeder Richtung						
	1 mal RM.	2 mal RM.	3 mal RM.	4 mal RM.	5 mal RM.	6 mal RM.	7 mal RM.
1	2	3	4	5	6	7	8
I. Anlagekapital							
1. Feste Anlagen:							
Flugzeughallen	380 000	380 000	380 000	380 000	500 000	500 000	500 000
Flugzeugwerften	300 000	300 000	600 000	600 000	600 000	600 000	600 000
Instandsetzungswerkstätten	300 000	300 000	300 000	300 000	300 000	300 000	300 000
Sonstige Einrichtungen	100 000	120 000	140 000	160 000	180 000	200 000	220 000
Summe	1 080 000	1 100 000	1 420 000	1 440 000	1 580 000	1 600 000	1 620 000
2. Bewegliche Anlagen:							
Flugzeugzellen	375 000	437 000	750 000	812 000	1 062 000	1 187 000	1 312 000
Motoren	402 000	469 000	804 000	871 000	1 139 000	1 273 000	1 407 000
Zellenersatzteile	68 000	79 000	136 000	147 000	192 000	215 000	237 000
Motorersatzteile	56 000	112 000	168 000	224 000	280 000	336 000	392 000
Fuhrpark	50 000	50 000	50 000	50 000	50 000	50 000	50 000
Summe	951 000	1 147 000	1 908 000	2 104 000	2 724 000	3 061 000	3 397 000
3. Einlaufkosten	500 000	500 000	500 000	500 000	500 000	500 000	500 000
Summe des Anlagekapitals	2 531 000	2 747 000	3 828 000	4 044 000	4 804 000	5 161 000	5 517 000
II. Betriebskapital	250 000	300 000	400 000	450 000	530 000	560 000	610 000
Summe I u. II	2 781 000	3 047 000	4 228 000	4 494 000	5 339 000	5 721 000	6 128 000

In den festen Anlagekosten, also im Risiko für politische Verwicklungen, sind dagegen beide Betriebsarten nahezu gleich, insofern als ungefähr die gleiche Summe für die festen Anlagen investiert werden muß. Das Verhältnis der festen zu den beweglichen Anlagekosten ist für die Bewältigung der ermittelten Verkehrsmenge bei Flugzeug A 12% : 88%, bei Flugzeug B 35% : 65%. Der erhebliche Unterschied ist in erster Linie auf die hohen Anlagekosten für den Flugzeugpark A zurückzuführen, während wir es beim Flugzeug B bereits mit einem in Serienfabrikation hergestellten Flugzeug zu tun haben.

Zur Aufnahme des Betriebs ist zu den Anlagekosten ein Betriebskapital bereitzustellen, das mit $\frac{1}{4}$ der jährlich für Mannschaft, Betriebsstoffe und Verwaltung, also für die dringlichsten und unmittelbarsten Ausgaben nötigen Kosten angesetzt wurde und zusammen mit den Anlagekosten die in den Tabellen 14 und 15 angegebene Gesamtkapitalsumme, die zu beschaffen ist, ergibt. Für den Luftverkehrsbetrieb mit Flugzeug B ist eine um mehr als die Hälfte geringere Kapitalsumme notwendig als bei Flugzeug A. Das ist zwar noch kein Kriterium für die Gesamtselbstkosten je angebotenes tkm, aber immerhin ein wichtiger Umstand für alle die Kapitalbeschaffung beeinflussenden Faktoren und für die Höhe der festen, vom Verkehrsumfang unabhängigen Selbstkosten zugunsten des Flugzeugs B.

Auf Grund des ermittelten Anlage- und Betriebskapitals und des Betriebsplans wurden nun die gesamten Selbstkosten und die Selbstkosten je angebotenes Nutz-tkm für die verschiedenen Häufigkeitsstufen in der Verkehrsbedienung ermittelt und in Tabelle 16 und 17 zusammengestellt. Auf Grund seiner größeren Reichweite und Nutzladefähigkeit kann das Flugzeug A das Nutz-tkm billiger anbieten als das Flugzeug B. Für die Bewältigung einer zunehmenden Verkehrsmenge kann sich dieses Verhältnis ins Gegenteil umwandeln, wie aus der Abb. 3 hervorgeht, in der die Selbstkosten für das geleistete Nutz-tkm in Abhängigkeit von der Verkehrsmenge dargestellt sind. Diese Darstellung gibt die unmittelbare Kalkulationsgrundlage für die Beförderungskosten in Abhängigkeit vom Verkehrsumfang und damit für die Preisgestaltung und

IV. Wirtschaftlicher Einsatz des Flugzeugs oder Luftschiffs usw.

Tabelle 16. **Jährliche Ausgaben für einen Flugzeugverkehr auf einer Transkontinentalstrecke.**
Flugzeug A.

| Kostenarten | Wöchentlicher Verkehr in jeder Richtung ||||
	1 mal RM.	2 mal RM.	3 mal RM.	4 mal RM.
1	2	3	4	5
I. Feste Kosten				
1. Kapitalverzinsung und -tilgung 8%	710 000	1 030 000	1 500 000	1 805 000
2. Personalausgaben:				
Hauptverwaltung	108 000	108 000	108 000	108 000
Flughafenpersonal	216 000	216 000	252 000	252 000
Besatzungen	372 000	744 000	1 116 000	1 488 000
Werftpersonal	192 000	312 000	432 000	552 000
Summe	888 000	1 380 000	1 908 000	2 400 000
3. Versicherungen:				
Flugzeugkasko 12%	538 000	806 000	1 300 000	1 620 000
Personal	60 000	120 000	180 000	240 000
Sonstige Versicherungen	42 000	84 000	120 000	140 000
Summe	640 000	1 010 000	1 600 000	2 000 000
4. Abschreibungen:				
Zellen 10%	360 000	540 000	810 000	1 080 000
Flugzeughallen 10%	20 000	30 000	30 000	30 000
Flugzeugwerften 12%	72 000	72 000	120 000	120 000
Werkstätten 15%	30 000	45 000	45 000	45 000
Sonstige Einrichtungen 10%	10 000	15 000	20 000	20 000
Fuhrpark 20%	10 000	10 000	10 000	10 000
Summe	502 000	712 000	1 035 000	1 305 000
5. Allgemein- und Verwaltungskosten:				
Zentralverwaltung	50 000	50 000	50 000	50 000
Flugleitung	50 000	100 000	150 000	200 000
Werkstattbetrieb	200 000	400 000	600 000	800 000
Funkdienst	75 000	100 000	125 000	150 000
Werbedienst	200 000	150 000	100 000	100 000
Summe	575 000	800 000	1 025 000	1 300 000
6. Unvorhergesehenes	500 000	1 000 000	1 500 000	2 000 000
Summe der festen Kosten	3 815 000	5 932 000	8 568 000	10 810 000
II. Veränderliche Kosten				
1. Betriebsstoffe:				
Brennstoff 180 RM./h	918 000	1 836 000	2 754 000	3 672 000
Schmierstoff 18 RM./h	92 000	184 000	276 000	368 000
Zuschlag für Verschütt	90 000	180 000	270 000	360 000
Summe	1 100 000	2 200 000	3 300 000	4 400 000
2. Ersatzteilverbrauch:				
Zellen 38,40 RM./h	201 000	402 000	603 000	804 000
Motoren 60 RM./h	308 000	616 000	924 000	1 232 000
Summe	509 000	1 018 000	1 527 000	2 036 000
3. Motorabschreibung 18,4 RM./h	940 000	1 880 000	2 820 000	3 760 000
4. Start- und Landegebühren	70 000	90 000	110 000	130 000
5. Provisionen	100 000	200 000	300 000	400 000
Summe der veränderlichen Kosten	2 719 000	5 388 000	8 057 000	10 726 000
Summe der jährlichen Kosten	6 534 000	11 320 000	16 625 000	21 536 000
Kosten je angebot. Nutz-tkm	1,83	1,58	1,55	1,51

den wirtschaftlichen Erfolg des eingerichteten Luftverkehrsbetriebs auf der transkontinentalen Strecke.

In Abb. 3 sind zunächst in der oberen Figur die Selbstkosten je angebotenes Nutztkm, wie sie in Tabelle 16 und 17 berechnet sind, eingetragen, so daß zu erkennen ist, wie mit

Tabelle 17. **Jährliche Ausgaben für einen Flugzeugverkehr auf einer Transkontinentalstrecke.**
Flugzeug B.

Kostenarten	Wöchentlicher Verkehr in jeder Richtung						
	1 mal RM.	2 mal RM.	3 mal RM.	4 mal RM.	5 mal RM.	6 mal RM.	7 mal RM.
1	2	3	4	5	6	7	8
I. Feste Kosten							
1. Kapitalverzinsung und -tilgung 8%	211 000	278 000	338 000	360 000	427 000	458 000	490 000
2. Personalausgaben:							
Hauptverwaltung	108 000	108 000	108 000	108 000	108 000	108 000	108 000
Flughafenpersonal	264 000	288 000	312 000	312 000	348 000	348 000	372 000
Besatzungen	252 000	288 000	468 000	576 000	684 000	792 000	900 000
Werftpersonal	108 000	120 000	204 000	240 000	288 000	312 000	324 000
Summe	732 000	804 000	1 092 000	1 236 000	1 428 000	1 560 000	1 704 000
3. Versicherungen:							
Flugzeugkasko 15%	86 000	101 000	173 000	187 000	245 000	274 000	302 000
Personal	28 000	32 000	52 000	64 000	76 000	88 000	100 000
Sonst. Versicherungen	16 000	17 000	25 000	29 000	39 000	48 000	48 000
Summe	130 000	150 000	250 000	280 000	360 000	410 000	450 000
4. Abschreibungen:							
Zellen 33,3%	125 000	146 000	250 000	271 000	349 000	395 000	437 000
Flugzeughallen 10%	38 000	38 000	38 000	38 000	50 000	50 000	50 000
Flugzeugwerften 12%	36 000	36 000	72 000	72 000	72 000	72 000	72 000
Werkstätten 15%	45 000	45 000	45 000	45 000	45 000	45 000	45 000
Sonst. Einrichtungen 10%	10 000	12 000	14 000	16 000	18 000	20 000	22 000
Fuhrpark 20%	10 000	10 000	10 000	10 000	10 000	10 000	10 000
Summe	264 000	287 000	429 000	452 000	544 000	592 000	636 000
5. Allgemein- und Verwaltungskosten:							
Zentralverwaltung	50 000	50 000	50 000	50 000	50 000	50 000	50 000
Flugleitung	75 000	100 000	125 000	150 000	175 000	200 000	250 000
Werkstattbetrieb	100 000	150 000	200 000	250 000	300 000	350 000	400 000
Funkdienst	75 000	100 000	125 000	150 000	175 000	200 000	225 000
Werbedienst	175 000	150 000	125 000	100 000	100 000	100 000	100 000
Summe	475 000	550 000	625 000	700 000	800 000	900 000	1 000 000
6. Unvorhergesehenes	200 000	300 000	400 000	500 000	600 000	700 000	800 000
Summe der festen Kosten	2 012 000	2 369 000	3 134 000	3 528 000	4 159 000	4 620 000	5 080 000
II. Veränderliche Kosten							
1. Betriebsstoffe:							
Brennstoff 40 RM./h	165 000	330 000	495 000	660 000	825 000	990 000	1 155 000
Schmierstoff 6 RM./h	25 000	50 000	75 000	100 000	125 000	150 000	175 000
Zuschlag für Verschütt	20 000	40 000	60 000	80 000	100 000	120 000	140 000
Summe	210 000	420 000	630 000	840 000	1 050 000	1 260 000	1 470 000
2. Ersatzteilverbrauch:							
Zellen 12 RM./h	50 000	100 000	150 000	200 000	250 000	300 000	350 000
Motoren 13,3 RM./h	55 000	110 000	165 000	220 000	275 000	330 000	385 000
Summe	105 000	210 000	315 000	420 000	525 000	630 000	735 000
3. Motorabschreib. 22,35 RM./h	91 000	182 000	273 000	364 000	455 000	546 000	637 000
4. Start- und Landegebühren	80 000	110 000	140 000	170 000	200 000	230 000	260 000
5. Provisionen	30 000	60 000	90 000	120 000	150 000	180 000	210 000
Summe der veränderl. Kosten	516 000	982 000	1 448 000	1 914 000	2 380 000	2 846 000	3 312 000
Summe der jährl. Kosten	2 528 000	3 351 000	4 582 000	5 442 000	6 539 000	7 466 000	8 392 000
Kosten je angebot. Nutz-tkm	3,80	2,52	2,30	2,05	1,97	1,87	1,80

der Zunahme der Verkehrsmenge die Selbstkosten mehr oder weniger abnehmen. Die waagerechte Ordinate, die das Verkehrsaufkommen angibt, mußte zwei Maßstäbe erhalten, weil im Flugzeug A außer Post und Fracht auch Personen befördert werden, die das Flugzeug belasten, im Flugzeug B aber nur Post und Fracht. Das früher ermittelte Verkehrsaufkommen für die Ostasienstrecke ist

IV. Wirtschaftlicher Einsatz des Flugzeugs oder Luftschiffs usw.

besonders in der Darstellung gekennzeichnet, so daß ohne weiteres abzulesen ist, bei welcher wöchentlichen Bedienung es vom Flugzeug A und B bewältigt werden kann und welche Selbstkosten je angebotenes und geleistetes tkm dabei entstehen.

Die Ermittlung der Selbstkosten für das geleistete, also tatsächlich beförderte tkm Personen, Post und Fracht mußte sich für die verschiedenen Verkehrsmengen aufbauen auf der durchschnittlichen jährlichen Auslastung der Flugzeuge. Dabei wurde auf Grund der Erfahrungen im praktischen Luftverkehr und bei anderen Verkehrsmitteln die von den Verkehrsschwankungen

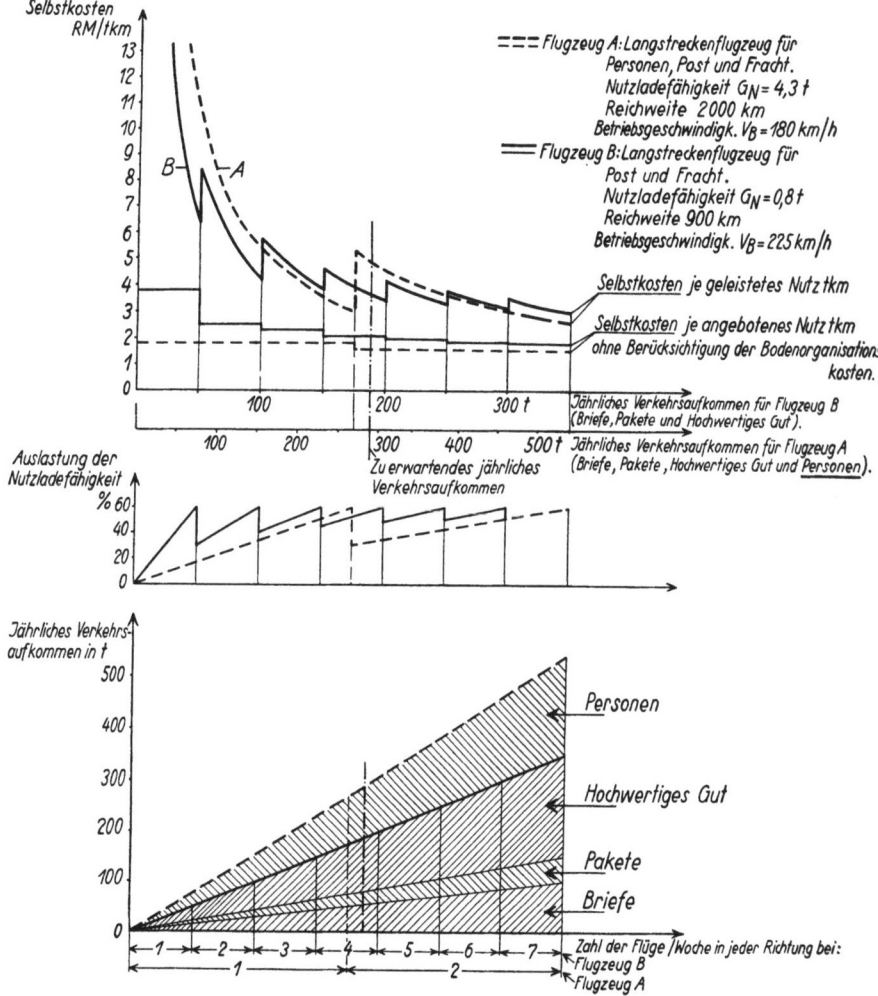

Abb. 3. Selbstkosten für einen transkontinentalen Luftverkehr mit Flugzeugen bei 8000 km Streckenlänge.

abhängige maximale durchschnittliche Ausnutzung der Nutzladefähigkeit durch Nutzlast zu 60% der Nutzladefähigkeit angenommen. Der höchstmögliche Wirkungsgrad ergibt sich bekanntlich aus den im Verkehrswesen stets auftretenden Saisonschwankungen im Verkehrsbedürfnis. Der Verlauf der tatsächlichen Ausnutzung der Nutzladefähigkeit ist in Abb. 3 in der mittleren Figur für die beiden Flugzeugarten dargestellt. Wir erkennen die verhältnismäßig gleichmäßig gute Auslastung des kleineren Flugzeugs B mit zunehmender Verkehrsmenge und die stärkeren Abfälle der Auslastung bei dem Großflugzeug A.

Unter Auswertung der mittleren Figur in Abb. 3 lassen sich nun die Selbstkosten für das geleistete Nutz-tkm ermitteln und in der oberen Figur in der hyperbolischen Linie darstellen. Die Absätze in dieser Kurve ergeben sich aus der Abnahme der Ausnutzung der Flugzeuge bei Beginn des Einsatzes einer weiteren wöchentlichen Bedienung. Die Transportselbstkosten für das geleistete oder beförderte tkm können damit für jede Verkehrsmenge aus der Darstellung abgelesen werden. Sie fallen mit der Zunahme der Verkehrsmenge, da die festen, also die vom Verkehrsumfang unabhängigen Kosten sich auf immer größere Verkehrsmengen verteilen und damit für die Verkehrseinheit, das tkm, gesenkt werden können.

Und nun erkennen wir aus dieser Darstellung, daß der Betrieb mit Flugzeug B von 0 bis 100 t und von 180 bis 250 t jährlichem Verkehrsaufkommen billiger ist als mit Flugzeug A, bei den übrigen Verkehrsmengen aber teurer. Die Unterschiede sind zwar nicht höher als 10 bis 20%, sie spielen aber immerhin eine gewisse Rolle bei den hohen Kosten für das geleistete tkm. In der unteren Figur der Abb. 3 ist zur Erläuterung der Mengen der Verkehrsgattungen noch angegeben, wieviel Post, Fracht und Personen von den Flugzeugarten bei den verschiedenen Häufigkeitsstufen in Tonnen befördert werden bei einer bestimmten, in der senkrechten Ordinate angegebenen Verkehrsmenge. Dabei wurde für 1 Person 80 kg gerechnet und eine durchschnittliche Besetzung des Flugzeugs A mit höchstens 10 Personen angenommen.

Es wäre interessant, die Kosten je angebotenes Nutz-tkm der Betriebsart 1, wie sie auf der Holland—Indien-Linie mit dem Flugzeug Fokker F 12 eingerichtet ist, der Betriebsart 3 mit Flugzeug B gegenüberzustellen. Obwohl beide Flugzeuge ungefähr gleiche Nutzladefähigkeit von ungefähr 0,8 t zeigen, ist ein derartiger wirtschaftlicher Vergleich infolge zahlreicher verschiedener Voraussetzungen beider Betriebsarten schwer durchzuführen. Jedenfalls kann aber gesagt werden, daß die Kosten bei Verkehrshäufigkeiten bis zu 2 Flügen/Woche für beide Betriebsarten ungefähr gleich sein dürften. Bei größerer Verkehrshäufigkeit kann angenommen werden, daß die Kosten bei Betriebsart 1 bis zu 30% höher werden als bei Betriebsart 3. Dieser Unterschied ist in erster Linie auf den hohen Anteil der veränderlichen Kosten bei Betriebsart 1 zurückzuführen, die proportional mit der Verkehrshäufigkeit stärker wachsen als bei Betriebsart 3. Daher dürfte vom Standpunkt der Wirtschaftlichkeit die Betriebsart 1 ungünstiger sein, wenn das Verkehrsbedürfnis eine mehr als 2 mal wöchentliche Verkehrsbedienung erfordert. Letztere Forderung entspricht in der Tat dem praktischen Langstreckenluftverkehr in den Vereinigten Staaten von Amerika, der durchweg eine tägliche Luftverkehrsbedienung aufweist und nach Betriebsart 3 durchgeführt wird.

Die bisherige Selbstkostenermittlung für die Ostasienstrecke ging davon aus, daß nach den heute bestehenden Gepflogenheiten das Verkehrsunternehmen nicht die Kosten für Streckenorganisation zu tragen hat. Es kann aber nun auch der Fall vorliegen, daß das Verkehrsunternehmen auch diese Kosten noch übernehmen muß, beispielsweise in wenig erschlossenen Gebieten wie Afrika, oder wenn der überflogene Staat sich weigert, diese Anlagen kostenlos zur Verfügung zu stellen. Da der Fall praktisch werden kann und außerdem die Kenntnis der Höhe der Streckenorganisationskosten von Wichtigkeit ist, da ja diese Kosten von irgend einer Seite aufgebracht werden müssen, ist auch diese Untersuchung durchgeführt.

Hierzu war es zunächst notwendig, das Anlagekapital für die Streckenorganisation, das bisher noch nicht ermittelt wurde, festzustellen, und zwar für die Herrichtung der Flughäfen, Flugwetterwarten, Flugfunkstellen, Wettermeldestellen, Zwischenlandeplätze und der Streckenbeleuchtung für die gesamte 8000 km lange Strecke. Für die Streckenbeleuchtung wurden einmal die Anlagekosten festgestellt für die gesamte Strecke und im anderen Fall nur für die Streckenlänge, die sich aus dem Betriebsplan des Flugzeugs B für die Ostasienstrecke ergab. Diese Unterteilung der Ermittlung für die Streckenbeleuchtung wurde durchgeführt, um zu zeigen, wie wichtig es ist, auf Grund eines eingehenden Betriebsplans für Tag- und Nachtflugstrecken die teure Streckenbeleuchtung auf ein Mindestmaß für Transkontinentallinien zu beschränken. Weiterhin zeigt sich bei dieser Untersuchung, wie sehr die Streckenbeleuchtung die Betriebskosten belastet, wenn nach den flugtechnischen Eigenarten der Flugzeuge eine Streckenbeleuchtung notwendig wird. Für den vorliegenden Fall wurde für das Flugzeug A angenommen, daß es wegen guter Navigationsfähigkeit sowie großer Reichweite keiner Streckenbefeuerung in Gestalt von Leuchtbaken bedarf, während das einmotorige Flugzeug ihrer bei Nachtflug nicht entbehren kann.

Für die Durchführung der Untersuchungen boten die praktischen Erfahrungen im europäischen und nordamerikanischen Flugbetrieb zuverlässige Unterlagen. Das Ergebnis der Untersuchung für die Anlagekosten ist in Tabelle 18 niedergelegt, für die jährlichen Betriebskosten in Tabelle 19.

IV. Wirtschaftlicher Einsatz des Flugzeugs oder Luftschiffs usw. 33

Tabelle 18. **Anlagekosten der Streckenorganisation für eine 8 000 km lange Transkontinentalstrecke.**

A. Bei Betrieb mit Flugzeug A.
Mittlerer Flughafenabstand: 1 600 km.

6 Flughäfen je 600 000 RM.	3 600 000 RM.
6 Flughafenwetterwarten je 10 000 RM.	60 000 ,,
6 Flugfunkstellen je 100 000 RM.	600 000 ,,
40 Streckenwettermeldestellen je 2 000 RM.	80 000 ,,
20 Zwischenlandeplätze ohne Beleuchtung je 20 000 RM.	400 000 ,,
20 Zwischenlandeplätze mit Beleuchtung je 35 000 RM.	700 000 ,,
Gesamte Anlagekosten auf Grund des Betriebsplanes	5 440 000 RM.
Anlagekosten je lfd. km ,, ,, ,, ,,	680 ,,

Falls Nachtbeleuchtung als notwendig erachtet wird, erhöhen sich die Anlagekosten um:

4 000 km Streckenbefeuerung je km 975 RM.	3 900 000 ,,
Gesamte Anlagekosten	9 340 000 RM.
Anlagekosten je lfd. km	1 165 ,,

B. Bei Betrieb mit Flugzeug B.
Mittlerer Flughafenabstand: 725 km.

12 Flughäfen je 600 000 RM.	7 200 000 RM.
12 Flughafenwetterwarten je 10 000 RM.	120 000 ,,
12 Flugfunkstellen je 100 000 RM.	1 200 000 ,,
40 Streckenwettermeldestellen je 2 000 RM.	80 000 ,,
120 Zwischenlandeplätze ohne Beleuchtung je 20 000 RM.	2 400 000 ,,
40 Zwischenlandeplätze mit Beleuchtung je 35 000 RM.	1 400 000 ,,
3 000 km Streckenbefeuerung je lfd. km 975 RM.	2 925 000 ,,
Gesamte Anlagekosten auf Grund des Betriebsplanes	15 125 000 RM.
Anlagekosten je lfd. km ,, ,, ,, ,,	1 890 ,,

Tabelle 19. **Jährliche Betriebskosten der Streckenorganisation für eine 8 000 km lange Transkontinentalstrecke.**

A. Bei Betrieb mit Flugzeug A.
Mittlerer Flughafenabstand: 1 600 km.

6 Flughäfen je 150 000 RM.	900 000 RM.
6 Flughafenwetterwarten je 50 000 RM.	300 000 ,,
6 Flugfunkstellen je 50 000 RM.	300 000 ,,
40 Streckenwettermeldestellen je 8 000 RM.	320 000 ,,
20 Zwischenlandeplätze ohne Beleuchtung je 2 000 RM.	40 000 ,,
20 Zwischenlandeplätze mit Beleuchtung je 5 000 RM.	100 000 ,,
Gesamte jährliche Betriebskosten	1 960 000 RM.
Jährliche Betriebskosten je lfd. km	245 ,,

Falls Nachtbeleuchtung der Strecke als notwendig erachtet wird, erhöhen sich die Betriebskosten um:

4 000 km Streckenbefeuerung je km 300 RM. pro Jahr.	1 200 000 ,,
Gesamte jährliche Betriebskosten	3 160 000 RM.
Jährliche Betriebskosten je lfd. km	395 ,,

B. Bei Betrieb mit Flugzeug B.
Mittlerer Flughafenabstand: 725 km.

12 Flughäfen je 150 000 RM.	1 800 000 RM.
12 Flughafenwetterwarten je 50 000 RM.	600 000 ,,
12 Flugfunkstellen je 50 000 RM.	600 000 ,,
40 Streckenwettermeldestellen je 8 000 RM.	320 000 ,,
120 Zwischenlandeplätze ohne Beleuchtung je 2 000 RM.	240 000 ,,
40 Zwischenlandeplätze mit Beleuchtung je 5 000 RM.	200 000 ,,
3 000 km Streckenbefeuerung je km 300 RM. pro Jahr.	900 000 ,,
Gesamte jährliche Betriebskosten	4 660 000 RM.
Jährliche Betriebskosten je lfd. km	582 ,,

Werden diese jährlichen Betriebskosten für die Betriebsarten mit Flugzeug A und B zu den bisher ermittelten Selbstkosten für das geleistete tkm zugerechnet, so stellen sich die gesamten Selbstkosten in Abhängigkeit vom Verkehrsumfang auf die Höhe, wie sie aus Abb. 4 ersichtlich sind. In ihr sind dargestellt die Selbstkostenkurven für das geleistete Nutz-tkm mit und ohne Berück-

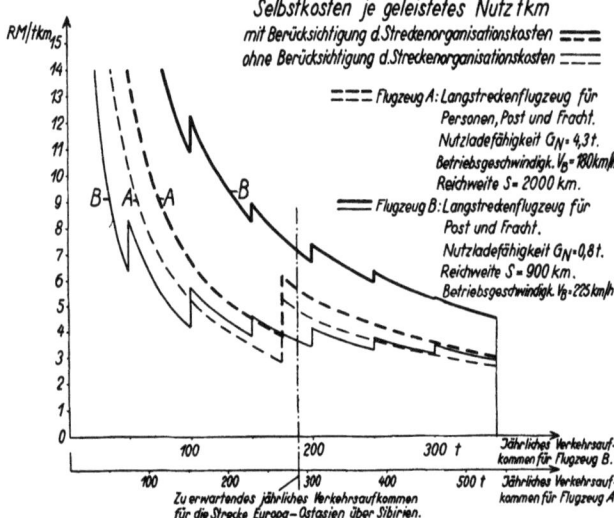

Abb. 4. Selbstkosten für einen transkontinentalen Luftverkehr mit Flugzeugen bei 8000 km Streckenlänge.

sichtigung der Streckenorganisationskosten. Der Flugbetrieb mit Flugzeug B stellt sich bei Berücksichtigung aller Kosten für das tkm erheblich teurer infolge der kostspieligen Streckenbeleuchtung, während bei Flugzeug A die Erhöhung wesentlich geringer ist, da für dasselbe eine Streckenbeleuchtung, abgesehen von den beleuchteten Flughäfen und Hilfslandeplätzen, nicht nötig und auch

Tabelle 20. **Selbstkostenanalyse für einen Flugzeugverkehr auf einer Transkontinentalstrecke.**

Flugzeug A.

Kostenarten	Wöchentlicher Verkehr in jeder Richtung							
	1 mal		2 mal		3 mal		4 mal	
	RM./tkm	%	RM./tkm	%	RM./tkm	%	RM./tkm	%
1	2	3	4	5	6	7	8	9
Feste Kosten								
Abschreibung der Zellen	0,10	5,5	0,08	5,0	0,07	4,5	0,07	4,5
Zinsen	0,21	11,5	0,15	9,5	0,14	9,0	0,14	9,3
Versicherungen	0,18	9,8	0,14	8,9	0,15	9,7	0,14	9,3
Funkdienst	0,02	1,1	0,01	0,6	0,01	0,6	0,01	0,7
Flugleitung	0,08	4,4	0,04	2,5	0,04	2,6	0,03	2,0
Gehälter der Besatzungen	0,10	5,5	0,10	6,3	0,10	6,5	0,10	6,5
Zentralverwaltung	0,04	2,2	0,02	1,3	0,02	1,3	0,01	0,7
Werbedienst	0,05	2,7	0,02	1,3	0,01	0,6	0,01	0,7
Unvorhergesehenes	0,14	7,6	0,14	8,9	0,14	9,0	0,14	9,3
Summe der festen Kosten	0,92	50,3	0,70	44,4	0,68	43,8	0,65	43,0
Veränderliche Kosten								
Betriebsstoffe	0,31	17,0	0,31	19,6	0,31	20,0	0,31	20,5
Flugzeugunterhaltung	0,29	15,8	0,27	17,0	0,26	16,8	0,25	16,6
Motorabschreibung	0,26	14,2	0,26	16,5	0,26	16,8	0,26	17,2
Start- und Landegebühren	0,02	1,1	0,01	0,6	0,01	0,6	0,01	0,7
Provisionen	0,03	1,6	0,03	1,9	0,03	2,0	0,03	2,0
Summe der veränderl. Kosten	0,91	49,7	0,88	55,6	0,87	56,2	0,86	57,0
Kosten je angebot. Nutz-tkm	1,83	100	1,58	100	1,55	100	1,51	100

IV. Wirtschaftlicher Einsatz des Flugzeugs oder Luftschiffs usw. 35

eine geringere Zahl von Flughäfen erforderlich ist. Für den Fall also, daß das Luftverkehrsunternehmen auch die Streckenorganisationskosten zu tragen hat, hat vom Standpunkt der Beförderungskosten das Großflugzeug unbedingt den Vorzug vor dem kleineren Flugzeug.

In den Tabellen 20 und 21 ist die Selbstkostenanalyse für den Luftverkehrsbetrieb mit Flugzeug A und B in der bisher für den kontinentalen Verkehr im Heft 3 durchgeführten Aufteilung der Kostenarten enthalten, und zwar für den Fall der partiellen Selbstkostendeckung.

Tabelle 21. **Selbstkostenanalyse für einen Flugzeugverkehr auf einer Transkontinentalstrecke.**
Flugzeug B.

Kostenarten	Wöchentlicher Verkehr in jeder Richtung													
	1 mal		2 mal		3 mal		4 mal		5 mal		6 mal		7 mal	
	RM./tkm	%	RM./tkm	%	RM./tkm	%	RM./tkm	%	RM./tkm	%	RM./tkm	%	RM./tkm	%
1	2	3	4	5	6	7	8	9	10	11	12	13	14	15
Feste Kosten														
Abschreibung der Zellen	0,19	5,0	0,11	4,4	0,13	5,7	0,10	4,9	0,10	5,1	0,10	5,3	0,09	5,0
Zinsen	0,32	8,4	0,21	8,4	0,17	7,4	0,14	6,8	0,13	6,6	0,12	6,4	0,11	6,1
Versicherungen	0,19	5,5	0,11	4,4	0,13	5,7	0,10	4,9	0,11	5,6	0,10	5,3	0,10	5,5
Funkdienst	0,11	2,9	0,07	2,8	0,06	2,6	0,06	2,9	0,05	2,5	0,05	2,6	0,05	2,8
Flugleitung	0,51	13,4	0,29	11,6	0,22	9,6	0,17	8,3	0,16	8,1	0,14	7,5	0,13	7,2
Gehälter d. Besatzungen	0,38	10,0	0,21	8,4	0,24	10,4	0,22	10,8	0,21	10,7	0,20	10,7	0,19	10,6
Zentralverwaltung	0,24	6,3	0,12	4,8	0,07	3,0	0,06	2,9	0,05	2,5	0,04	2,8	0,03	1,7
Werbedienst	0,26	6,9	0,11	4,4	0,06	2,9	0,04	2,0	0,03	1,5	0,02	1,1	0,02	1,1
Unvorhergesehenes	0,30	7,9	0,23	9,2	0,20	8,7	0,19	9,3	0,18	9,2	0,17	9,1	0,17	9,4
Summe der festen Kosten	2,50	65,8	1,47	58,4	1,28	55,7	1,08	52,7	1,02	51,8	0,94	50,2	0,89	49,4
Veränderl. Kosten														
Betriebsstoffe	0,32	8,4	0,32	12,8	0,32	13,9	0,32	15,6	0,32	16,2	0,32	17,1	0,32	17,8
Flugzeugunterhaltung	0,68	17,9	0,47	18,8	0,45	19,6	0,41	20,0	0,39	19,8	0,37	19,8	0,35	19,5
Motorabschreibung	0,14	3,7	0,14	5,6	0,14	6,1	0,14	6,8	0,14	7,2	0,14	7,5	0,14	7,8
Start- u. Landegebühren	0,12	3,1	0,07	2,8	0,07	3,0	0,06	2,9	0,06	3,0	0,06	3,2	0,06	3,3
Provisionen	0,04	1,1	0,04	1,6	0,04	1,7	0,04	2,0	0,04	2,0	0,04	2,2	0,04	2,2
Summe d. veränderl. Kosten	1,30	34,2	1,05	41,6	1,02	44,3	0,97	47,3	0,95	48,2	0,93	49,8	0,91	50,6
Kosten je angebot. Nutz-tkm	3,80	100	2,52	100	2,30	100	2,05	100	1,97	100	1,87	100	1,80	100

Es wird damit ein Vergleich möglich zwischen der Selbstkostenanalyse für den kontinentalen und transkontinentalen Luftverkehr sowohl in bezug auf die absoluten Anteile der Kostenarten an den Gesamtkosten wie auch in dem Verhältnis der festen zu den veränderlichen Kosten je tkm. Besonders charakteristisch sind für das kleinere Flugzeug die hohen Kosten für die Flugleitung, die Besatzungen und Unterhaltung der Flugzeuge infolge der größeren Zahl der Flughäfen und Flugzeuge.

3. Selbstkosten des Luftschiffverkehrs für die Strecken Europa—Südamerika und Europa—Nordamerika.

In ähnlicher Weise wie für den Flugzeugverkehr der Ostasienstrecke wurden nun auch die Selbstkosten für den Luftschiffverkehr der beiden Atlantikstrecken Europa—Südamerika und Europa—Nordamerika ermittelt. Es liegt bei ihm die gleiche Fahrtstrecke von 8000 km vor wie für die Ostasienlinie. Die tatsächliche Streckenlänge beträgt nach Südamerika 7500 km und nach Nordamerika 6500 km, so daß bei 8000 km Fahrtweg die aus meteorologischen Gründen notwendige Fluglänge erfaßt ist.

Auch für den Luftschiffverkehr soll davon ausgegangen werden, daß Kosten für die Flugsicherung, also für den Funk- und Wetterdienst dem Verkehrsunternehmen nicht entstehen, was der heutigen Lage der Kostendeckung, also der partiellen Selbstkostendeckung, durch Einnahmen entspricht. Dagegen soll, wie im Beispiel des Flugzeugbetriebs, die Verkehrsgesellschaft die Kosten für Hallen und Werkstätten übernehmen, so daß eine gleiche Grundlage für die Deckung der Ausgaben durch Einnahmen für Flugzeug und Luftschiff für Vergleichszwecke ihrer verkehrswirtschaftlichen Erfolgsmöglichkeiten gegeben ist.

Zunächst sind wieder die Anlagekosten und das Betriebskapital für die verschiedenen Verkehrshäufigkeiten ermittelt und in Tabelle 22 zusammengestellt. Das Verhältnis der Kosten für die festen und beweglichen Anlagen ist vom Standpunkt des politischen Risikos nicht ungünstiger als beim Großflugzeug bei gleicher zu bewältigender Verkehrsmenge, wenn man, was durchaus zulässig ist, nur einen Luftschiffhafen als politisch gefährdet ansehen will. Bei der Zugrundelegung der für die Südamerikalinie aufkommenden Verkehrsmenge nach der 1. Annahme würde auf der Transkontinentalstrecke mit Großflugzeugen ein Anlagekapital von 17 Millionen Mark, für eine gleiche Strecke für Luftschiffe von 38,5 Millionen Mark erforderlich sein. Die Kapital-

Tabelle 22. **Anlage- und Betriebskapital für einen Luftschiffverkehr auf einer Transatlantikstrecke.**

Gegenstand	Wöchentlicher Verkehr in jeder Richtung				
	1 mal RM.	2 mal RM.	3 mal RM.	4 mal RM.	5 mal RM.
1	2	3	4	5	6
I. Anlagekapital					
1. Feste Anlagen:					
Hallen	13 000 000	13 000 000	18 000 000	18 000 000	22 000 000
Werkstätten, Büros usw.	3 000 000	3 000 000	3 000 000	3 000 000	3 000 000
Summe	16 000 000	16 000 000	21 000 000	21 000 000	25 000 000
2. Bewegliche Anlagen: Fahrzeuge					
je Luftschiffkörper... 4 700 000					
dazu 5 Motoren je... 60 000					
Luftschiff gesamt... 5 000 000	20 000 000	30 000 000	45 000 000	45 000 000	50 000 000
Reservematerial	2 500 000	2 500 000	2 500 000	5 000 000	5 000 000
Summe	38 500 000	48 500 000	68 500 000	71 000 000	80 000 000
3. Einlaufkosten	500 000	500 000	500 000	500 000	500 000
Summe des Anlagekapitals	39 000 000	49 000 000	69 000 000	71 500 000	80 500 000
II. Betriebskapital	2 000 000	2 000 000	2 000 000	3 000 000	3 000 000
Summe I + II	41 000 000	51 000 000	71 000 000	74 500 000	83 500 000

beschaffung muß sich für den Luftschiffverkehr also um höhere Summen bemühen als für den Großflugzeugverkehr. Auch ist das Verhältnis der Kosten für die festen und beweglichen Anlagen für den Luftschiffverkehr ungünstiger als für einen gleichartigen Flugzeugverkehr mit Großflugzeugen.

Auf Grund der Anlagekosten und des Betriebskapitals sowie des Betriebsplans sind die partiellen Selbstkosten für den Luftschiffverkehr für die verschiedenen Häufigkeitsstufen in der Verkehrsbedienung insgesamt und je angebotenes Nutz-tkm untersucht und in Tabelle 23 zusammengestellt. Entsprechend den hohen Kapitalkosten ist der Anteil der vom Verkehrsumfang unabhängigen oder festen Kosten verhältnismäßig höher als beim vergleichsfähigen Flugzeugverkehr und daher das Luftschiff zur Erzielung niedriger Selbstkosten auf gute Verkehrs- und Betriebsausnutzung besonders angewiesen. In den Kosten für das angebotene Nutz-tkm liegt das Luftschiff bei einmal wöchentlichem Verkehr wesentlich, bei zweimal wöchentlichem Verkehr nur unbedeutend über dem vergleichsfähigen Großflugzeugverkehr, wie in Abb. 5 dargestellt ist.

In gleicher Weise wie für den Flugzeugverkehr ist nun in Abb. 5 für den Luftschiffverkehr der Verlauf der Selbstkosten je angebotenes und geleistetes tkm in Abhängigkeit vom Verkehrsumfang eingetragen bei durchschnittlicher Ausnutzung der Ladefähigkeit durch Nutzlast bis zu 60%. In der oberen Figur der Abb. 5 sind ferner zum Vergleich die Selbstkostenlinien und in der mittleren Figur die Auslastungslinien für den vergleichsfähigen Flugzeugverkehr mit Flugzeug A eingetragen. Hier ist deutlich zu erkennen, wie mit der Verkehrszunahme die Selbstkosten der beiden Betriebsarten sich nähern und bei kleinem Verkehrsaufkommen, wie nach Ostasien und

IV. Wirtschaftlicher Einsatz des Flugzeugs oder Luftschiffs usw. 37

Tabelle 23. **Selbstkosten für einen Luftschiffverkehr auf einer Transatlantikstrecke.**

Kostenarten	Wöchentlicher Verkehr in jeder Richtung									
	1 mal		2 mal		3 mal		4 mal		5 mal	
	RM.	%	RM.	%	RM.	%	RM.	%	RM.	%
1	2	3	4	5	6	7	8	9	10	11
I. Feste Kosten										
1. Kapitalzinsen und -tilgung 8%.	3 280 000	11,8	4 080 000	10,2	5 680 000	9,7	5 950 000	9,4	6 600 000	9,1
2. Personalausgaben										
Besatzung	960 000		1 440 000		2 160 000		2 160 000		2 400 000	
Hafenpersonal	720 000		720 000		720 000		720 000		720 000	
Verwaltung und Oberleitung	850 000		850 000		850 000		850 000		850 000	
	2 530 000	9,1	3 010 000	7,5	3 730 000	6,4	3 730 000	5,9	3 970 000	5,5
3. Versicherungen										
Häfen 0,5%	80 000		80 000		105 000		105 000		125 000	
Schiffe 10%	2 000 000		3 000 000		4 500 000		4 500 000		5 000 000	
Unfallversicherung	400 000		600 000		900 000		900 000		1 000 000	
4. Abschreibung der Luftschiffe 25%	2 480 000	8,9	3 680 000	9,2	5 505 000	9,5	5 505 000	8,8	6 125 000	8,3
5. Flughafenkosten	4 700 000	16,9	7 050 000	17,5	10 575 000	18,2	10 575 000	16,8	11 750 000	16,2
Abschreibung der Anlagen 8%	1 280 000		1 280 000		1 680 000		1 680 000		2 000 000	
Unterhaltung der Anlagen 1,5%	240 000		240 000		315 000		315 000		375 000	
6. Sonstige Allgemein- und Verwaltungskosten, Steuern, Werbekosten	1 520 000	5,5	1 520 000	3,8	1 995 000	3,4	1 995 000	3,2	2 375 000	3,3
7. Unvorhergesehenes 10%	2 000 000	7,2	2 000 000	5,0	2 500 000	4,3	2 500 000	4,0	3 000 000	4,1
	2 525 000	9,1	3 658 000	9,1	5 281 000	9,1	5 720 000	9,1	6 605 000	9,1
Summe der festen Kosten	19 035 000	68,5	24 998 000	62,3	35 266 000	60,6	35 975 000	57,2	40 425 000	55,6
II. Veränderliche Kosten										
1. Betriebsstoffe	3 120 000	11,2	6 250 000	15,5	9 400 000	16,3	12 500 000	19,8	15 650 000	21,5
2. Ersatzteilverbrauch	4 000 000	14,4	6 000 000	14,9	9 000 000	15,5	9 000 000	14,3	10 000 000	13,8
3. Abschreibung der Motore 25% und Reserveteile 4%										
4. Verpflegung: Besatzung	400 000		550 000		775 000		875 000		950 000	
Fluggäste	300 000	1,5	600 000	1,0	900 000	1,3	900 000	1,4	1 050 000	1,3
	470 000		935 000		1 400 000		1 870 000		2 335 000	
5. Provisionen für Fahrkartenverkauf	770 000	2,8	1 535 000	3,8	2 300 000	4,0	2 770 000	4,4	3 385 000	4,7
	450 000	1,6	900 000	2,5	1 350 000	2,3	1 800 000	2,9	2 250 000	3,1
Summe der veränderlichen Kosten	8 740 000	31,5	15 235 000	37,7	22 825 000	39,4	26 945 000	42,8	32 235 000	44,4
Summe I und II	27 775 000	100,0	40 233 000	100,0	58 091 000	100,0	62 920 000	100,0	72 660 000	100,0
Kosten je angebotenes Nutz-tkm nach Südamerika	2,37		1,72		1,63		1,34		1,24	

Südamerika, der Flugzeugverkehr, wenn er wie über Festlandsstrecken technisch möglich wäre, für das geleistete Nutz-tkm erheblich billiger arbeiten könnte als der Luftschiffverkehr. Man erkennt auch aus diesen Vergleichslinien, daß der Luftschiffverkehr erst bei einem Verkehrsvolumen von über 500 t jährlich zusammen im Hin- und Rückverkehr mit Selbstkosten für das geleistete Nutz-tkm arbeiten kann, die den Selbstkosten im Flugzeugverkehr entsprechen. Bei geringeren Verkehrsmengen ist das Luftschiff zu wenig ausgelastet. Eine volle Selbstkostendeckung im

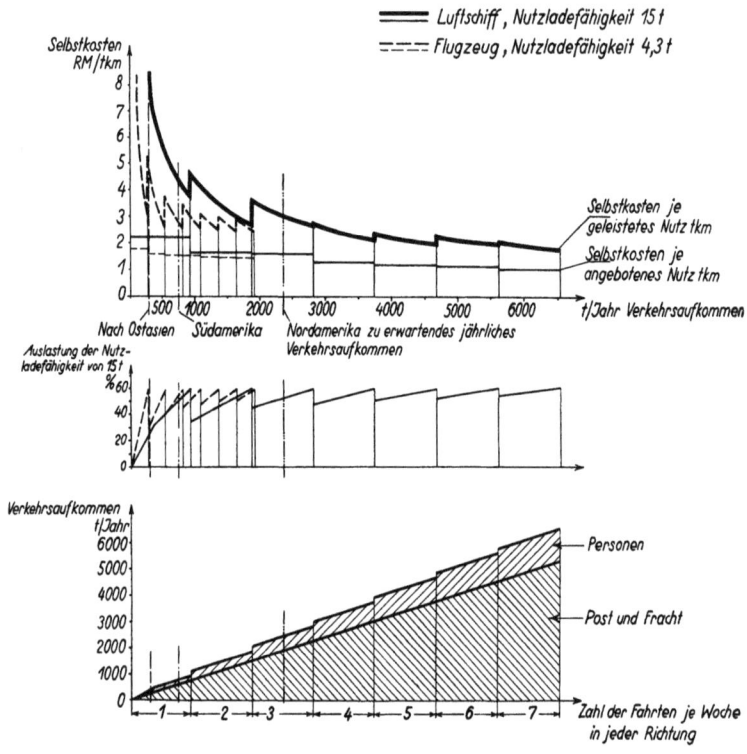

Abb. 5. Selbstkosten für einen transozeanen Luftverkehr mit Luftschiffen bei 8000 km Streckenlänge.

Luftschiffverkehr ist schwierig zu ermitteln, da sich das Luftschiff der Küsten- und Bordfunkstellen für Seeschiffahrt zur Wetterberatung und Flugsicherung bedienen kann. Jedenfalls aber würde bei voller Selbstkostendeckung die Kostenlinie nicht wesentlich über der Selbstkostenlinie je geleistetes Nutz-tkm bei partieller Selbstkostendeckung liegen, also im Grund ähnlichen Charakter zeigen wie bei dem Flugzeug A.

Aus den im Teil II der Abhandlung ermittelten Verkehrsmengen in den verschiedenen Weltluftverkehrsbeziehungen lassen sich wertvolle Schlüsse für die Einsatzmöglichkeiten des Luftschiffs und des Flugzeugs vom verkehrswirtschaftlichen Standpunkt aus ziehen, soweit für beide Luftfahrzeuge die technischen Voraussetzungen für den Einsatz gleich sind. In der Tat kommt vom Standpunkt der Verkehrsmenge der Luftschiffverkehr nur für die Linie

Europa—Südamerika,
—Nordamerika,
—Indien

in Frage, für die Strecke Nordamerika—Asien wegen der außerordentlich großen Unpaarigkeit der Verkehrsströme dagegen erst in zweiter Linie. In Abb. 5 ist ferner wieder in der unteren Figur die Verkehrsmenge an Personen, Post und Fracht in Abhängigkeit von der Zahl der Fahrten je Woche eingetragen. Für das Gewicht der Personen sind 150 kg/Person mit Rücksicht auf die lange Fahrtdauer ohne Zwischenlandung gerechnet.

V. Deckung der Selbstkosten durch Beförderungspreise.

1. Allgemeine Grundsätze für die Preisbildung.

Bei der Bestimmung der Beförderungspreise soll von dem Grundsatz ausgegangen werden, daß die Ausgaben oder die Selbstkosten des Verkehrsunternehmens durch Einnahmen aus dem Verkehr gedeckt werden. Als Selbstkosten sind die für den Fall einer **partiellen Selbstkostendeckung**, bei der das Unternehmen von den Anlage- und Betriebskosten für die Wetterberatung und Flugsicherung wie Strecken- und Flughafeneinrichtung entlastet ist, gefundenen Werte zugrunde gelegt, entsprechend der heute üblichen Selbstkostendeckung. Es soll weiterhin die in der 1. Annahme der Verkehrsermittlung gefundene Verkehrsmenge als zahlende Last eingesetzt werden, um die Wirtschaftlichkeit für die erste Verkehrsstufe, die zweifellos nach dem Ausweis der Selbstkosten in Abhängigkeit von der Verkehrsmenge am schwierigsten zu erreichen ist, zu übersehen. Die Einnahmen aus dieser zu erwartenden Verkehrsmenge richten sich nach den Beförderungspreisen und den Einnahmen für die einzelnen Verkehrsgattungen Personen, Post und Fracht.

Für die Festsetzung von **tragbaren Beförderungspreisen** können die bisherigen Erfahrungen im kontinentalen und transkontinentalen Verkehr Europas und Amerikas ausgewertet werden. Da Personen, Pakete und Fracht wohl am empfindlichsten gegenüber einer frachtlichen Mehrbelastung durch den Luftverkehr sind, so wurden für sie die bisher praktisch im Luftverkehr angewandten Tarife auf großen transkontinentalen Weiten eingesetzt, während für die Briefpost die Belastung relativ höher sein kann. Hierbei waren vor allem die Ergebnisse der amerikanischen transkontinentalen Strecken zwischen der Ost- und Westküste der Vereinigten Staaten von Amerika mit Streckenlängen von 4000 bis 5000 km maßgebend, obgleich diese Linien im Zeitvorsprung gegenüber den Eisenbahnen nicht so günstig liegen als die untersuchten Luftverkehrsverbindungen nach Ostasien und Amerika über den Atlantik. Es wäre also berechtigt gewesen, für diese Strecken noch über die Tarife der amerikanischen Strecken hinauszugehen. Dieser Weg ist jedoch, um nicht in theoretische Fehler zu verfallen und um möglichst die Ergebnisse der Praxis zu verwerten, nicht beschritten worden.

Die Personentarife wurden demnach für die Linien nach Ostasien und Südamerika mit Rücksicht auf die große Zeitersparnis zum $1\frac{1}{2}$fachen des Preises I. Klasse auf Eisenbahnen bzw. des Schnelldampfers gewählt, für die Linie nach Nordamerika wegen der geringeren Zeitersparnis gleich einem durchschnittlichen Preis für I. Klasse Schnelldampfer gesetzt. Für Fracht und Pakete wurden die Sätze im Luftverkehr der Vereinigten Staaten von Amerika genommen, und zwar 3 RM./tkm bzw. 3,20 RM./tkm. Diese Tarife bedeuten bei Fracht das 11fache und bei Paketen das 8fache der auf den Eisenbahnen verlangten Sätze. Die nach diesen Beförderungspreisen für Personen, Fracht und Pakete aus dem Verkehrsstrom der 1. Annahme sich ergebenden Gesamteinnahmen sind damit zu ermitteln. Soweit sie die Selbstkosten nicht decken, wurde der Rest auf die Einnahmen aus der Briefpost verwiesen, so daß nun die Tarifsätze für 1 tkm Briefpost aus der gesamten Menge Briefpost festgelegt werden konnten. Die Briefposttarife sind zu bilden aus den Selbstkosten für den Lufttransport und dem normalen internationalen Portosatz, der nötig ist, um die Kosten der Unterverteilung der Post zu decken. Die für die Transkontinentallinien auf Grund der Selbstkosten ermittelten Sätze für das tkm Briefpost gelten demnach als **Zuschläge** zu dem internationalen Porto.

Die Tarifsätze für die Briefpost waren naturgemäß noch für sich darauf zu untersuchen, ob sie für den Luftweg tragbar sind. Da die Briefpost, wie eingangs erwähnt, aus Briefen, Postkarten und Drucksachen besteht, so wurde auf Grund von Einzeluntersuchungen angenommen, daß 60 000 Stück auf 1 t Gewicht gerechnet werden können. Eine Differenzierung des Luftposttarifs nach den drei Gattungen wurde nicht vorgenommen, sondern nur der durchschnittliche Satz je Stück Briefpost ermittelt. Um die Ergebnisse nicht zu komplizieren, wurden weiterhin weder bei der Briefpost noch bei Personen, Fracht und Paketen die Unterschiede in den Verkehrsmengen für Hin- und Rückfahrt berücksichtigt. Für den Wert des Gesamtergebnisses ist dies zunächst bedeutungslos, für die spätere Praxis nach mehrjährigem Betrieb können diese Feinheiten noch genügend für eine zweckmäßige Anpassung der Tarife an das Verkehrsbedürfnis behandelt werden. Für die Ermittlung des Gesamtbeförderungspreises etwa für 1 Person oder 1 t auf den verschiedenen Linien wurde die tatsächliche Entfernung nach der Länge des Großkreises, nicht etwa der wechselnde Flugweg zugrunde gelegt.

2. Beförderungspreise im Flugzeugverkehr.

Nach diesen allgemeinen Grundsätzen ergaben sich nun unter Benutzung der in Abb. 4 angegebenen Anteile der verschiedenen Verkehrsgattungen an der gesamten Verkehrsmenge der Strecke Europa—Ostasien die in Tabelle 24 enthaltenen Tarife je Person, kg Fracht und Post für den Flugzeugverkehr auf der Transkontinentalstrecke. Der Betrieb mit Flugzeug B kann die Briefpost erheblich niedriger befördern als derjenige mit Flugzeug A, da er nicht mit der Unterbilanz aus der Personenbeförderung, die ihre Selbstkosten, ähnlich wie bei den meisten anderen Verkehrsmitteln, vor allem den Eisenbahnen, nicht deckt, belastet ist. Die Personenbeförderung im Betrieb mit Flugzeug A verlangt wesentlich höhere Tarife für die Briefpost, die aber, und das ist besonders wichtig, gegenüber den Sätzen für Transport mit erdgebundenen Verkehrsmitteln durchaus tragbar sind für den bei der Verkehrsermittlung für den Luftverkehr angenommenen Prozentsatz der gesamten Luftpost.

Tabelle 24. **Durchschnittliche Tarife zur Deckung der Selbstkosten im transkontinentalen und transozeanen Luftverkehr.**

(Bezogen auf 1. Annahme für Verkehrsaufkommen.)

	Verkehrs-beziehung	Strecken-länge km	Personen		Briefpost (Zuschlag)		Pakete		Fracht	
			RM./Pers.	RM./Pkm	RM./Stück	RM./tkm	RM./kg	RM./tkm	RM./kg	RM./tkm
1	2	3	4	5	6	7	8	9	10	11
I. Flugzeug-verkehr Flugzeug A Flugzeug B	Europa— Ostasien	8000	2200 —	0,27 —	1,84 0,67	13,80 5,00	25,60 25,60	3,20 3,20	24,00 24,00	3,00 3,00
II. Luftschiff-verkehr	Europa— Südamerika	7500	2400	0,32	1,23	9,25	24,00	3,20	22,50	3,00
	Europa— Nordamerika	6500	3000	0,46	0,50	4,62	20,80	3,20	19,50	3,00

Anmerkung: Spalte 7: 60000 Stück auf 1 t.
Spalte 9: 1 Paket wiegt durchschnittlich 3,2 kg.
Flugzeug A: Langstreckenflugzeug für Personen, Post und Fracht.
Flugzeug B: Langstreckenflugzeug für Post und Fracht.

3. Beförderungspreise im Luftschiffverkehr.

Die zur Selbstkostendeckung nötigen Tarife für den Luftschiffverkehr sind in Tabelle 24 ebenfalls enthalten. Die Luftpostsätze für die Strecke Europa—Südamerika sind wegen der geringeren Einnahmen im Personenverkehr höher als für die Linie Europa—Nordamerika. Sie sind aber trotzdem um so mehr tragbar, als die Zeitersparnis auf der Südamerikalinie wesentlich größer ist als auf der Nordamerikalinie.

Das Gesamtbild der jährlichen Einnahmen aus den verschiedenen Verkehrsgattungen bei partieller Selbstkostendeckung des Luftverkehrsbetriebs ist für die untersuchten Linien in Tabelle 25 dargestellt. Sie zeigt, daß der Briefpost zur Erzielung der Wirtschaftlichkeit des Luftverkehrs 40 bis 60% der gesamten Einnahmen zufallen und demnach die Verkehrsgattung am stärksten herangezogen ist, die auf die schnelle Beförderung auf dem Luftweg besonderen Wert legen und sich ihr zuwenden wird. An den restlichen Einnahmen beteiligt sich die Fracht am stärksten, während der Paketverkehr am wenigsten Einnahmen bringt. Jedenfalls zeigt auch diese Einnahmeanalyse, daß die Verkehrsgattungen nach ihrer Belastbarkeit mit Beförderungskosten zur Deckung der Ausgaben des Luftverkehrsbetriebs herangezogen

V. Deckung der Selbstkosten durch Beförderungspreise. 41

sind. Ob die Verkehrsgattungen selbst, und zwar vor allem die Fracht diese Belastungen tragen können, bedarf noch einer besonderen Untersuchung. Doch sei zunächst noch die Frage beantwortet, welche **Spannungen in den Transportkosten** für das Personen-km und tkm zwischen dem Luftverkehr und den übrigen im Zuge der Luftverkehrslinien liegenden anderen Verkehrsmitteln, Eisenbahnen und Seeschiffe, vorliegen. Hierüber gibt Tabelle 26 Aufschluß. Diese Unterschiede sind am geringsten im Personen- und Briefpostverkehr, am größten im Paket- und Frachtverkehr, woraus zu schließen ist, daß dem Luftweg sich nur besonders hochwertige und eilwertige Güter und Pakete zuwenden werden, eine Erkenntnis, der ja bereits bei der Ermittlung der Ver-

Tabelle 25. **Jährliche Einnahmen bei Selbstkostendeckung in den verschiedenen Verkehrsbeziehungen, bezogen auf 1. Annahme für Verkehrsaufkommen.**

	Ostasien		Südamerika				Nordamerika	
	Post- und Fracht-beförderung		Personen-, Post- und Frachtbeförderung					
	Flugzeug B		Flugzeug A		Luftschiff			
	RM.	%	RM.	%	RM.	%	RM.	%
1	2	3	4	5	6	7	8	9
Personen	—	—	2 200 000	19,2	1 960 000	7,0	11 220 000	19,5
Briefpost	2 200 000	40,5	6 050 000	52,6	16 615 000	59,9	29 871 000	51,8
Pakete	665 000	12,2	665 000	5,8	2 100 000	7,5	8 200 000	14,3
Fracht	2 570 000	47,3	2 570 000	22,4	7 100 000	25,6	8 250 000	14,4
Gesamt	5 435 000	100	11 485 000	100	27 775 000	100	57 541 000	100

kehrsströme Rechnung getragen wurde. In der gleichen Tabelle sind die auf dem bereits im planmäßigen Luftverkehr befindlichen transkontinentalen und transozeanen Luftverkehrsstrecken **heute gültigen** Tarife für Personen-km und tkm Post und Fracht enthalten. Wenn sie auch auf den verschiedenen Strecken starke Unterschiede zeigen, so entsprechen sie doch im Mittel den für die untersuchten Strecken auf Grund der Selbstkosten festgestellten Beförderungspreisen. Hierin liegt mittelbar ein Beweis für die Tragbarkeit der Tarife, die zur Wirtschaftlichkeit der Hochstraßen im Weltluftverkehr verlangt werden müssen, da zu ähnlichen Tarifen bereits auf vorhandenen großen Luftverkehrslinien bedeutende Verkehrsmengen befördert wurden.

4. Belastung der Güter durch Beförderungskosten im Luftverkehr.

Die hohe Belastung der Fracht durch Beförderungskosten im Luftverkehr wirft die Frage auf, ob sie nicht weit über das bisher übliche Maß einer **frachtlichen Vorbelastung von Gütern** hinausgeht und damit die Fracht vom Luftweg abhält. Hierzu ist in Tabelle 26 eine Gegenüberstellung gegeben. In ihr ist für hochwertige, also für den Luftverkehr in Frage kommende Güter, ferner für mittel- und geringwertige Güter oder Halbfabrikate und Rohstoffe die durchschnittliche Belastung mit Transportkosten auf Eisenbahnen, Seeschiffen und dem untersuchten Luftverkehr auf transkontinentalen und transozeanen Linien enthalten. Zum Vergleich ist ferner die Belastung der gleichen Güter auf kontinentalen Luftlinien Europas in die Tabelle aufgenommen.

Als frachtliche Vorbelastung ist der Anteil an den Kosten der Güter am Empfangsort, der durch Transportkosten entstanden ist, zu verstehen. Für die vorhandenen Verkehrsmittel und auch für den kontinentalen Luftverkehr wurde dieser Anteil aus den tatsächlich vorliegenden Frachten ermittelt und für den geplanten Luftverkehr auf den großen Linien nach der Überlegung, daß auf den Luftweg nur Güter übergehen werden von mindestens 60 RM./kg Wert am Versandort, ein Grundsatz, der im Heft 1 der Forschungsergebnisse zur Ermittlung der Luftfrachtmengen eingehend begründet wurde. Bei diesem Wert des Guts ist es am Verkaufsort mit den aus Tabelle 24 sich ergebenden Transportkosten je kg belastet.

Es ist zu erkennen, daß die höchste frachtliche Vorbelastung von hochwertigen Gütern auf der sibirischen Eisenbahnstrecke nach Ostasien vorliegt. Wenn also eine frachtliche Vorbelastung

Tabelle 26. **Gegenüberstellung der Tarife des geplanten transkontinentalen und transozeanen Luftverkehrs (bezogen auf 1. Annahme für Verkehrsaufkommen) und der vorhandenen Verkehrsmittel.**

Verkehrsbeziehungen	Einzurichtende Verkehrsmittel Luftfahrzeug				Vorhandene Verkehrsmittel Eisenbahn				Seeschiff			
	Personen-verkehr RM./Pkm	Postverkehr Pakete RM./tkm	Postverkehr Briefpost RM./tkm	Fracht-verkehr RM./tkm	Personen-verkehr RM./Pkm.	Postverkehr Pakete RM./tkm	Postverkehr Briefpost RM./tkm	Fracht-verkehr RM./tkm	Personen-verkehr RM./Pkm	Postverkehr Pakete RM./tkm	Postverkehr Briefpost RM./tkm	Fracht-verkehr RM./tkm
1	2	3	4	5	6	7	8	9	10	11	12	13
Europa—Ostasien. Flugzeug A	0,27	3,2	15,60	3,0	0,09	—	1,28	0,282	0,10	0,076	0,77	0,0038
Flugzeug B	—	3,2	6,90	3,0								
Europa—Südamerika Luftschiff	0,32	3,2	12,00	3,0					0,22	0,090	2,00	0,0042
Europa—Nordamerika Luftschiff	0,46	3,2	6,90	3,0					0,46	0,082	2,30	0,0154

Tarife im vorhandenen transkontinentalen und transozeanen Luftverkehr.

Verkehrsbeziehungen	Personen-verkehr RM./Pkm	Postverkehr Pakete RM./tkm	Postverkehr Briefpost RM./tkm	Fracht-verkehr RM./tkm	Anmerkungen
14	15	16	17	18	19
I. Flugzeugverkehr					Spalte 4, 8, 12: 60000 Stück auf 1 t.
Holland — Indien	0,26	—	7,68	2,20	Spalte 4: Briefporto und Luftpostzuschlag.
England — Indien	0,32	—	6,70	1,30	Spalte 3, 7, 11: 3,2 kg durchschnittliches Paketgewicht.
England — Südafrika	0,20	—	8,15	1,00	Spalte 6: Für Reisende I. Klasse.
Frankreich — Südamerika	—	6,20	34,50	—	Spalte 10: Durchschnitt für Reisende I. Klasse.
USA — Südamerika	0,22	3,20	15,50	3,00	Flugzeug A: Langstreckenflugzeug für Personen, Post und Fracht.
New-York — San Francisco	0,15		3,78		Flugzeug B: Langstreckenflugzeug für Post und Fracht.
II. Luftschiffverkehr					
Deutschland — Südamerika	0,26	1,59	40,00	1,32	

in dieser Höhe heute im praktischen Verkehr tragbar ist, so wird auch die wesentlich niedrigere Vorbelastung für Luftverkehrsgüter die hochwertigen Güter nicht abhalten, dem Luftweg zu folgen, auf dem eine so wesentliche Zeitersparnis erzielt wird. Auch in dem kontinentalen Luftverkehr liegt nach Tabelle 27 eine Vorbelastung von hochwertigen Gütern durch Frachten vor, die wesentlich über der Vorbelastung im kontinentalen Eisenbahnverkehr sich bewegt. Auch hier hat die Praxis längst erwiesen, daß bestimmte Güter durch diese höhere Frachtbelastung nicht vom Lufttransportweg abgehalten werden. Die frachtliche Vorbelastung von Gütern wird also im transkontinentalen und transozeanen Luftverkehr ein Ausmaß haben, das für hochwertige Güter durchaus tragbar ist.

Tabelle 27. **Durchschnittliche Belastung der Güter durch Beförderungskosten in % ihres Wertes.**

Verkehrsmittel	Beispiel	Streckenlänge km	Hochwertige Güter %	Mittelwertige Güter %	Geringwertige Güter %
1	2	3	4	5	6
Transkontinentaler und transozeaner Verkehr.					
I. Vorhandene Verkehrsmittel.					
Eisenbahnen (Expreßgutverkehr)	Europa—Ostasien...	11 750	56	66	—
Seeschiff	Europa—Ostasien...	19 500	7	6	11
	Europa—Nordamerika	6 500	1,8	6	23
	Europa—Südamerika.	12 000	1,3	7,8	40
II. Geplanter Luftverkehr.					
Flugzeug	Europa—Ostasien...	8 000	28	—	—
Luftschiff	Europa—Nordamerika	6 500	24,5	—	—
	Europa—Südamerika.	7 500	27,3	—	—
Kontinentaler Verkehr.					
Vorhandene Verkehrsmittel.					
Eisenbahnen (Expreßgutverkehr)	Berlin—Frankfurt..	539	4,7	24	—
	Hamburg—Freiburg..	836	6,3	32	—
Flugzeug	Berlin—Stuttgart...	536	14	—	—
	Berlin—Paris.....	888	12	—	—

Anmerkung: Zu hochwertigen Gütern sind gerechnet: Seidenwaren, Felle zu Pelzwerk, Lederwaren, Baumwollwaren, Filme, Farben, Papierwaren, Maschinen, Kaffee, Tee, Kleidung, Uhren, Drogen, Chemikalien.
Zu mittelwertigen Gütern sind gerechnet: Getreide, Lebensmittel, Obst, Südfrüchte.
Zu geringwertigen Gütern sind gerechnet: Zement, Kohlen, Düngemittel, Mineralöle.
Der Belastung im transkontinentalen und transozeanen Luftverkehr sind hochwertige Güter im Wert von 60 RM./kg am Versandort zugrunde gelegt.

Es dürfte damit auch für die Fracht der Beweis erbracht sein, daß der für sie festgesetzte Tarif ebenso den verkehrswirtschaftlichen Grundsätzen der Preisbildung entspricht, wie die Tarife für Personen- und Briefpost im Luftverkehr.

VI. Schlußfolgerungen.

Es liegt im System der nationalen und internationalen Arbeitsteilung, der Steigerung der Reisegeschwindigkeit im Raum durch den Luftverkehr ganz besondere Bedeutung beizumessen. Der Wille, sie zu fördern, weckte in gleicher Weise in Politik und Wirtschaft aller Länder starke Kräfte, den Luftverkehr zu entwickeln. Auf den Hochstraßen des Weltluftverkehrs, auf denen das Ausmaß der Verringerung der zeitlichen Entfernung am größten sein wird, werden diese Kräfte in erster Linie wirksam sein und die Einrichtung der letzten und größten Glieder im Weltluftverkehrsnetz betreiben, sobald die technische Leistungsfähigkeit des Luftverkehrsbetriebs und die Wirtschaftlichkeit großer internationaler Luftverkehrslinien gewährleistet erscheinen. Wie weit das nach dem heutigen Stande der Luftfahrt der Fall sein kann, war Gegenstand der vorliegenden Untersuchungen

Die verkehrswirtschaftlichen Möglichkeiten auf den Hochstraßen im Weltluftverkehr werden begrenzt durch die zu erwartenden Verkehrsmengen und den Aufwand an Transportkosten. In technischer Hinsicht ist die Freiheit im Einsatz von Luftfahrzeugen noch beschränkt durch zu geringe Reichweite der Flugzeuge, während die Luftschiffe jede in Frage kommende Entfernung auf der Erde zu überwinden vermögen. Die damit gegebene Freiheit in der Verwendung der Luftschiffe wird jedoch bis zu einem gewissen Grad in ihrer Bedeutung eingeschränkt durch die geringere Geschwindigkeit der Luftschiffe.

Die Stärke der Verkehrsströme genügt nach dem für die ersten 3 bis 5 Jahre zu erwartenden Verkehrsaufkommen an Personen, Post und Fracht zur wirtschaftlichen Ausnutzung des Luftschiffverkehrs nur in den Verkehrsbeziehungen

>Europa—Südasien (—Australien),
>—Südamerika,
>—Nordamerika,
>Nordamerika—Asien,

während in den anderen Verkehrsbeziehungen

>Europa—Ostasien,
>—Südafrika

sich nur der Flugzeugbetrieb lohnt. Damit ist bis auf die Verkehrsbeziehung Europa—Südasien durch das Verkehrsaufkommen eine Arbeitsteilung zwischen Luftschiff und Flugzeug gegeben, die dem technischen Stand der Luftfahrzeuge und ihrer Verwendungsmöglichkeit im Weltluftverkehr entspricht.

Die Größe des Verkehrsaufkommens läßt für die erste Entwicklungszeit vor allem auf den mit Luftschiffen zu bedienenden Strecken wenig Raum für den Wettbewerb mehrerer Verkehrsunternehmungen, da dann die wirtschaftliche Basis des Luftverkehrs geschmälert wird. Es besteht aber die Gefahr, daß machtpolitische Bestrebungen der verschiedenen Länder wenig Rücksicht auf diese Tatsache nehmen und im Weltluftverkehr eine ähnliche Überbesetzung von Luftlinien durch Verkehrsunternehmungen eintreten wird, wie es zum Schaden der Entwicklung des Luftverkehrs auf den kontinentalen Luftverkehrslinien Europas heute noch der Fall ist.

In betriebstechnischer Hinsicht bedarf die Zuverlässigkeit der Flugsicherung auf mit Flugzeugen betriebenen transkontinentalen Strecken noch erheblicher Vorarbeiten zur Klärung der von den klimatischen und meteorologischen Gegebenheiten abhängigen Faktoren der Sicherheit. Es liegt im Interesse der Sicherheit und möglichst billigen Streckenorganisation, auf den Hochstraßen des Weltluftverkehrs mit seinen über weite, unbewohnte Gebiete gehenden Streckenteilen bei dem Einsatz von Flugzeugen nur solche zu verwenden, die weitgehend mit navigatorischen Hilfsmitteln ausgerüstet sind und eine unterteilte, leicht zugängliche Motorenanlage besitzen. Die objektiven Selbstkosten des Flugbetriebs können auf diese Weise wesentlich gesenkt werden gegenüber dem Betrieb mit einmotorigen Flugzeugen, die eine teure und großzügige Bodenorganisation im Interesse der Sicherheit verlangen. Für den Luftschiffverkehr erscheint die Flugsicherung während der Fahrt heute schon genügend gewährleistet durch die gute Zusammenarbeit der beteiligten Länder in der Wetterberatung und in der Navigation des Luftschiffs.

Eine 1 bis 2mal wöchentliche Verkehrsbedienung auf den Weltluftverkehrslinien ist vom Standpunkt einer möglichst großen Verkürzung der Reisezeit im Vergleich

VI. Schlußfolgerungen.

zu vorhandenen Parallelverkehrsmitteln unbedingt erforderlich. Eine mehr als zweimal wöchentliche Bedienung bringt keine wesentliche Zeitersparnis, wenn sie auch durch die gebotene größere Häufigkeit in der Verkehrsbedienung verkehrswerbend wirken wird. Unter dieser wichtigen Voraussetzung ist die Nutzladefähigkeit der vorhandenen großen Verkehrsflugzeuge für die Erschließung der Hochstraßen im Weltluftverkehr dem in der ersten Anlaufperiode zu erwartenden Verkehrsbedürfnis der meisten Strecken vorausgeeilt. Es dürfte sich daher empfehlen, bis auf weiteres nicht über die Nutzladefähigkeit des der Untersuchung zugrunde gelegten Großflugzeugs hinauszugehen, vielmehr eine Nutzladefähigkeit von mehr als 2 t zu vermeiden. Stärker übertrifft die Nutzladefähigkeit des Luftschiffs das Verkehrsbedürfnis auf der Strecke Europa—Südamerika, weniger stark dagegen dasjenige auf der Strecke Europa—Nordamerika. Diese mehr auf bau- und betriebstechnischen Gründen beruhende Entwicklung der Nutzladefähigkeit des Luftschiffs wird eine gewisse verkehrstechnische Berechtigung finden, wenn das Luftschiff auf Strecken mit besonders starkem Verkehrsaufkommen eingesetzt werden kann.

Auf einer 8000 km langen Weltluftverkehrslinie betragen zur Bewältigung der gleichen Verkehrsmenge die Anlagekosten je Linie für den Großflugzeugverkehr 20 Millionen Mark, für den Luftschiffverkehr 41 Millionen Mark, die jährlichen Betriebskosten dieser Linien 8,5 bzw. 28 Millionen Mark. Somit ergibt sich ein Verhältnis zwischen Umsatz und Anlagekapital von 2,5 bzw. 1,8 oder mit anderen Worten, das Anlagekapital wird im Flugzeugverkehr in 2,5 Jahren und im Luftschiffverkehr in 1,8 Jahren umgesetzt. Dieses Verhältnis entspricht ungefähr dem im Verkehrswesen üblichen und liegt dem Kraftwagenverkehr am nächsten. Im Vergleich zu den Anlage- und Betriebskosten anderer Verkehrsmittel bewegen sich die Anlage- und Betriebskosten auf den Weltluftverkehrslinien in bescheidenen Grenzen. Dies sowie die große Bedeutung einer Luftverkehrsverbindung zwischen den Erdteilen für die kulturellen und wirtschaftlichen Beziehungen der Völker untereinander berechtigen zu einer starken Initiative zur Fortsetzung der Bestrebungen, die Hochstraßen im Weltluftverkehr möglichst bald auszubauen und die besten Voraussetzungen zu ihrem sicheren und regelmäßigen Betrieb zu schaffen.

Die Untersuchungen der Wirtschaftlichkeit des Luftverkehrs auf den bedeutendsten Weltluftverkehrslinien haben ergeben, daß eine Deckung der partiellen Selbstkosten durch Verkehrseinnahmen bereits nach kurzer Anlaufzeit zu Tarifen möglich ist, die durchaus für die beförderten Verkehrsgattungen tragbar sind. Vor allem aber haben sie gezeigt, daß eine Eigendeckung der partiellen Selbstkosten durch Verkehrseinnahmen, also eine Wirtschaftlichkeit, früher und sicherer möglich ist als auf den kontinentalen Luftverkehrslinien. Nach einer gewissen Entwicklungszeit und weiterer Verkehrszunahme können die Selbstkosten und damit auch die Beförderungspreise erheblich, und zwar um 20 bis 25% gegenüber der ersten Anlaufzeit, bei Großflugzeugen und Luftschiffen gesenkt werden. Bei kleineren Flugzeugen wird diese Senkung allerdings nur sehr gering sein mit Rücksicht auf den großen Anteil der vom Verkehrsumfang abhängigen Kosten an den Gesamtkosten. Es ist schon heute zweifellos zu erkennen, daß, wie bereits in früheren Untersuchungen betont, die Weltluftverkehrslinien als Hauptstrecken des Luftverkehrs die Einnahmen bringen werden, die die Deckung der Unterbilanz der heute noch sehr unwirtschaftlich mit starken Subventionen arbeitenden kontinentalen Linien der verschiedenen Länder zu einem großen Teil ausgleichen werden. Damit rücken die Fundamente zur Erzielung einer Wirtschaftlichkeit im richtig eingesetzten Luftverkehr in greifbare Nähe und geben die stärksten Anregungen zum Ausbau der letzten Schlußlinien, die heute noch im Weltluftverkehrsnetz fehlen und von den kontinentalen Luftverkehrsnetzen der einzelnen Länder ausgehen müssen.

Eine Vorbedingung für die regelmäßige Befliegung der Hochstraßen im Weltluftverkehr ist die internationale Zusammenarbeit aller beteiligten Staaten. Diese Zusammenarbeit liegt in flugbetriebstechnischer Hinsicht in erster Linie auf dem Gebiet des Wetterdienstes und der Flugsicherung auf dem Funkwege sowie in der Benützung der Stützpunkte. In verkehrspolitischer Hinsicht ist sie abhängig vom ernsten Willen der beteiligten Länder, alle Hemmungen angesichts der großen Bedeutung der Inbetriebnahme der verkehrswichtigsten Luftlinien zu vermeiden und eine weitgehende **Harmonie im Ausbau des Weltluftverkehrs** zu erzielen.

Es liegt eine gewisse Tragik für den Luftverkehr darin, daß heute, nachdem das technische Instrument für die größten Reichweiten vorhanden ist, die **praktischen Folgerungen** für seine Nutzanwendung bei der ungünstigen Geldlage nicht sofort gezogen werden können. Aber auch die Bestrebungen der heutigen Zeit, die Weltwirtschaft in zahlreiche **autarke Räume** zerfallen zu lassen, so daß die internationalen Wirtschaftsgrundlagen gestört werden, bilden keine günstigen Voraussetzungen dafür, auf dem Luftweg das Auseinanderstrebende und sich Abspaltende enger zu verbinden. Die Fäden des Verkehrs können nur dort wirklich verbinden, wo der **Wille zur Erhaltung der wirtschaftlichen Zusammenhänge** stark bleibt. Die Einrichtung der Weltluftverkehrslinien bedarf dieses Willens in besonderem Maße und vielleicht findet er gerade in der großen Verkürzung der Entfernungen von Erdteil zu Erdteil auf dem Luftweg die Stärkung, die ihm die Selbständigkeitsbestrebungen in der Weltwirtschaft heute weniger bieten können. Es wäre zu wünschen, daß die nach abendländischer Weltanschauung orientierten Länder in Zeiten der wirtschaftlichen Not **über alle politischen Hemmungen hinweg** den inneren Mut und die Überzeugung finden würden, daß nicht im Nachgeben sondern nur in zielbewußter Arbeit die Dinge gemeistert werden können. Und in diesem Ringen, das um die Geltung der geistigen und wirtschaftlichen Verbundenheit der Menschheit geht, kann der Ausbau der Hochstraßen des Weltluftverkehrs ideelle und wirtschaftliche Vorzüge bieten.

Literaturübersicht.

A. Bücher.

Dr. Knauß, Im Großflugzeug nach Peking. Verlag Union Deutsche Verlags-Gesellschaft, Berlin 1927.
Benett, Aviation, Its Commercial and Financial Aspects. Verlag The Ronald Press Comp., New York 1929.
Colsmann, Probleme der Wirtschaftlichkeit des Luftschiffverkehrs. Verlag Lincke, Friedrichshafen 1929.
von Hünefeld, Mein Ostasienflug. Verlag Union Deutsche Verlagsgesellschaft, Berlin 1929.
Dr. Pirath, Verkehrsströme im Luftverkehr. Forschungsergebnisse des Verkehrswissenschaftlichen Instituts für Luftfahrt an der Technischen Hochschule Stuttgart (V.I.L.), Heft 1, Verlag R. Oldenbourg, München 1929.
Gregg, Aeronautical Meteorology. Verlag The Ronald Press Comp., New York 1930.
Köhl, Fitzmaurice, von Hünefeld, Unser Ozeanflug. Verlag Union Deutsche Verlagsgesellschaft, Berlin 1930.
Dr. Pirath, Die Gestaltung des Weltluftverkehrsnetzes nach wirtschaftlichen und betriebstechnischen Gesichtspunkten. Forschungsergebnisse des Verkehrswissenschaftlichen Instituts für Luftfahrt an der Technischen Hochschule Stuttgart (V.I.L.), Heft 2, Verlag R. Oldenbourg, München 1930.
—, Preisbildung und Subventionen im Luftverkehr. Forschungsergebnisse des V.I.L., Heft 3, 1930.
Bock, Großflugzeuge. Verlag Vandehoek und Ruprecht, Göttingen 1931.
Mittelholzer, Tschadseeflug. Verlag Schweizer Aero-Revue, Oerlikon-Zürich 1931.
Dr. Pirath, Die Luftverkehrswirtschaft in Europa und in den Vereinigten Staaten von Amerika. Forschungsergebnisse des Verkehrswissenschaftlichen Instituts für Luftfahrt an der Technischen Hochschule Stuttgart (V.I.L.), Heft 4, Verlag R. Oldenbourg, München 1931.

B. Abhandlungen in Zeitschriften.

Dr. Seilkopf, Grundzüge der Flugmeteorologie des Luftwegs nach Ostasien. Archiv der Deutschen Seewarte, 44. Band, 1927.
—, Meteorologische Forschungen auf dem Nordatlantischen Ozean als Vorbereitung transatlantischen Luftverkehrs. Zeitschrift für Geophysik, Jahrgang 4, Heft 6, 1927.
Dörr, Das neue Luftschiff „Graf Zeppelin". Schiffbau und Schiffahrt 1928, Heft 19.
—, Wirtschaftlichkeit und Aussichten des Luftschiffverkehrs. Schweizerische Bauzeitung 1928, Nr. 26.
van Hecking, Luftschiffverkehr nach Niederländisch-Indien. Colenbrander Polytechnisch Weekblad 1928, Nr. 15.
von Beyer-Desimon, Zur Frage der Unterbringung von Großflugzeugen. Bautechnik 1929, Heft 40.
Dr. Pummerer, Meteorologische Beobachtungen an den ozeanischen Inseln und Küsten während der 8. Forschungsfahrt der Deutschen Seewarte nach Südamerika. Flugsonderheft der Annalen der Hydrographie 1929.
Dr. Seilkopf, Flugmeteorologische Ergebnisse der Ozean-Studienfahrten der Deutschen Seewarte. Flugsonderheft der Annalen der Hydrographie 1929.
Dr. Dornier, Das Dornier-Flugschiff Do X. Schweizer Aero-Revue 1930, Sondernummer.
Ettel, Die eurasiatischen Luftlinien der westeuropäischen Kolonialmächte. Zeitschrift für Geopolitik 1930, Heft 3.
McDonnell, Trans-Atlantic Service. Airway Age 1931, Nr. 2.
Lehmann, Transatlantischer Verkehr mit Zeppelin-Luftschiffen. Jahrbuch der Schiffbautechnischen Gesellschaft 1931.
Milarch, Das Zeppelin-Luftschiff im Weltverkehr. Luftwacht 1931, Heft 12.
Atlantic Flight Chronology. Aero Digest 1931, Dezember.
G 38 im Flugdienst der Luft Hansa. Deutsche Luft Hansa Nachrichten 1931, Heft 5/6.
The Worlds Largest Airships. Air und Airways, Juli 1931.
Transozeandienst mit Luftschiffen. SAE-Journal, September 1931.
Der Entwurf des LZ 129. Luftwacht 1932, Heft 2.
London — Cape Town. Flight 1932, Nr. 4.
Luftschiff Akron. Zeitschrift für Flugtechnik und Motorluftschiffahrt 1932, Heft 5.
Verkehrsstatistik der Holland-Indien-Flüge. Bulletin Fokker 1932, Nr. 4.

FORSCHUNGSERGEBNISSE
des Verkehrswissenschaftlichen Instituts für Luftfahrt an der Technischen Hochschule Stuttgart
herausgegeben von Prof. Dr.-Ing. CARL PIRATH

HEFT I
35 Seiten, 12 Abb., 7 Tabellen. Lex.-8°. 1929. Mk. 2.70

Die Probleme und das Verkehrsbedürfnis im Luftverkehr.
INHALT:

Die Luftfahrt und die Verkehrsprobleme der Gegenwart. Von Prof. Dr.-Ing. Carl Pirath. I. Die Spezialisierung der Verkehrsarbeit im neuzeitlichen Verkehrswesen. II. Die Luftfahrt und die Grundfragen zur Lösung der Verkehrsprobleme der Gegenwart. 1. Die baulichen, verkehrs- und betriebswirtschaftl. Grundlagen der einzelnen Verkehrsmittel. 2. Das Verkehrsbedürfnis. 3. Die Erfüllung der Verkehrsbedürfnisse durch das zweckmäßigste Verkehrsmittel. 4. Die Zusammenarbeit der Verkehrsmittel. 5. Die Freizügigkeit der Transportmittel. 6. Die ständige Forschung über die im technischen Fortschritt und im Wandel der Verkehrsbedürfnisse liegende Dynamik in der Erledigung der Verkehrsarbeit. III. Die Sonderstellung der Luftfahrt im Verkehrswesen.

Verkehrsströme im Luftverkehr. Von Prof. Dr.-Ing. Carl Pirath. I. Die politischen und wirtschaftlichen Aktionszentren der Erde als Quellen des Weltluftverkehrs. II. Die Haupttriebkräfte im Aufbau des Weltluftverkehrs. 1. Verkehrsmotive. 2. Verkehrsbedürfnisse oder Verkehrsströme. III. Verkehrsbedürfnisse oder Verkehrsströme im Transozean- und kontinentalen Luftverkehr. 1. Methode zur Ermittlung des Verkehrsbedürfnisses für Post und hochwertige Güter. 2. Die Verkehrsströme zwischen den wirtschaftlichen Aktionszentren der Erde. 3. Die Verkehrsströme zwischen Ländern und Ländergruppen Europas. 4. Die Entwicklungsrichtung im Luftverkehr, die sich aus den Verkehrsbedürfnissen ergibt.

Archiv für Eisenbahnwesen: ... Die objektive, streng wissenschaftliche Art der Betrachtungen und die völlig neutrale Stellungnahme des Verfassers gegenüber allen Verkehrsmitteln werden in Verbindung mit den gewonnenen, neuartigen Erkenntnissen den Abhandlungen eine weitgehende Beachtung sichern. ...

Der Bauingenieur: ... Das vorliegende erste Heft gibt Zeugnis von dem wissenschaftlichen und von großen Ideen getragenen Geiste des Instituts und seines verdienten Leiters. Die Ausführungen dürften daher nicht nur bei der Fachwelt, sondern auch allgemein das größte Interesse hervorrufen.

Leipziger Zeitschrift für Luftfahrt: Es ist sehr zu begrüßen, daß auch von der Wissenschaft ernsthafte Schritte unternommen werden, durch kritische Studien und Abhandlungen dem Luftverkehr zu einer Wirtschaftlichkeit und damit zu einer festen Stellung im gesamten übrigen Weltverkehr zu verhelfen. ...

Verkehrstechnische Woche: ... Den Hauptwert dieser Forschungsergebnisse erblicke ich darin, daß Zusammenhänge, die bisher vom gesunden Menschenverstand gefühlt und von maßgebenden Männern der Behörden des Luftverkehrs und der Wissenschaft gefordert wurden, hier verkehrswissenschaftlich belegt sind. ...

HEFT II
75 Seiten, 42 Abb., 5 Tabellen. Lex.-8°. 1930. Mk. 4.50

Gestaltung des Weltluftverkehrsnetzes und seiner Flughafenanlagen.
INHALT:

Die Gestaltung des Weltluftverkehrsnetzes nach wirtschaftlichen u. betriebstechnischen Gesichtspunkten. Von Professor Dr.-Ing. Carl Pirath. I. Allgemeine Grundlagen. II. Die wirtschaftliche Linienführung im Luftverkehr. 1. Grundlagen für die wirtschaftliche Linienführung. 2. Handels- und Industriestädte als Netzpunkte für ein kontinentales Luftverkehrsnetz. 3. Wirtschaftsgebiete als Netzpunkte für ein kontinentales Luftverkehrsnetz. 4. Der Luftverkehr in verkehrstechnisch wenig erschlossenen Gebieten. III. Das Weltluftverkehrsnetz 2. und 3. Dimension nach verkehrswirtschaftlichen Gesichtspunkten. IV. Die technische Linienführung im Luftverkehr. 1. Verkehrspolitik der Länder und ihr mittelbarer Einfluß auf den Luftverkehrsbetrieb. 2. Verkehrsgeographisch bedingte Netzpunkte im Luftlinienetz. 3. Betriebstechnisch notwendige Netzpunkte und Notlandeplätze im kontinentalen Luftverkehr. 4. Einfluß des Luftmediums auf den betriebswirtschaftlichen Charakter einer Luftlinie. V. Schlußfolgerungen.

Die Verkehrsflughäfen als Betriebsstellen des Weltluftverkehrsnetzes. Von Prof. Dr.-Ing. Carl Pirath. I. Der Verkehrs- und Betriebswert der Verkehrsflughäfen. II. Die betriebstechnischen Grundlagen für die Ausgestaltung der Flughäfen. III. Ausgestaltung der betriebswichtigen Flächen der Verkehrsflughäfen. 1. Flächen für die Bewegungsvorgänge erster Ordnung. 2. Flächen für die Bewegungsvorgänge zweiter Ordnung. IV. Entwicklungsziele für die Ausgestaltung der Verkehrsflughäfen. V. Organisation des Flughafenbetriebes. VI. Flughafenkosten und Luftverkehr.

Die betriebswirtschaftlichen Grundlagen für die Anlage und Ausgestaltung von Verkehrsflughäfen. Von Dr.-Ing. Richard Brandt. I. Allgemeine Grundlagen. II. Betriebswirtschaftliche Untersuchungen als Grundlage für die zweckmäßigste Ausgestaltung der Verkehrsflughäfen. 1. Die verkehrs- und betriebstechnischen Aufgaben der Flughäfen. 2. Einzeluntersuchungen der betrieblichen Vorgänge auf vorhandenen Flughäfen oder Bewegungsstudien. 3. Auswertung der Bewegungsstudien für die zweckmäßigste Ausgestaltung. a) der Flughäfen mit überwiegendem Durchgangsverkehr. b) der Flughäfen mit überwiegendem Endverkehr. 4. Arbeits- und Zeitstudien über die betrieblichen Vorgänge auf Flughäfen. 5. Auswertung der Arbeits- und Zeitstudien. a) Die zweckmäßigste Durchführung der verkehrlichen und betrieblichen Abfertigungsarbeiten. b) Die Wirtschaftlichkeit der Abfertigungsarbeiten. c) Die Wirtschaftlichkeit der Groß- und Kleinflugzeuge in Bezug auf die Abfertigungsarbeiten. III. Zusammenfassung der Untersuchungsergebnisse.

Zeitschrift für Verkehrswissenschaft: ... Die sehr gut illustrierten Beiträge stellen eine beträchtliche Bereicherung luftverkehrswissenschaftlicher Erkenntnis dar.

R. OLDENBOURG / MÜNCHEN 32 UND BERLIN W10

MIX
Papier aus verantwortungsvollen Quellen
Paper from responsible sources
FSC® C105338

If you have any concerns about our products,
you can contact us on
ProductSafety@springernature.com

In case Publisher is established outside the EU,
the EU authorized representative is:
**Springer Nature Customer Service Center GmbH
Europaplatz 3, 69115 Heidelberg, Germany**

Printed by Libri Plureos GmbH
in Hamburg, Germany